饮食
百科

肉奶蛋

饮食百科编委会　编著

 中国大百科全书出版社

图书在版编目（CIP）数据

肉奶蛋 / 饮食百科编委会编著 . -- 北京 : 中国大百科全书出版社，2025. 1. --（饮食百科）. -- ISBN 978-7-5202-1839-9

Ⅰ . TS251.5-49；TS252.5-49；TS253.4-49

中国国家版本馆 CIP 数据核字第 2025WQ5451 号

总 策 划：刘　杭　郭继艳
策划编辑：张会芳
责任编辑：杜东凯
责任校对：闫　娇
责任印制：王亚青
出版发行：中国大百科全书出版社有限公司
地　　址：北京市西城区阜成门北大街 17 号
邮政编码：100037
电　　话：010-88390811
网　　址：http://www.ecph.com.cn
印　　刷：唐山富达印务有限公司
开　　本：710mm×1000mm　1/16
印　　张：10
字　　数：100 千字
版　　次：2025 年 1 月第 1 版
印　　次：2025 年 1 月第 1 次印刷
书　　号：ISBN 978-7-5202-1839-9
定　　价：48.00 元

本书如有印装质量问题，可与出版社联系调换。

—— 总 序

这是一套面向大众、根植于《中国大百科全书》第三版（以下简称百科三版）的百科通俗读物。

百科全书是概要记述人类一切门类知识或某一门类知识的完备的工具书。它的主要作用是供人们随时查检需要的知识和事实资料，还具有扩大读者知识视野和帮助人们系统求知的教育作用，常被誉为"没有围墙的大学"。简而言之，它是回答问题的书，是扩展知识的书。

中国大百科全书出版社从1978年起，陆续编纂出版了《中国大百科全书》第一版、第二版和第三版。这是我国科学文化建设的一项重要基础性、标志性、创新性工程，是在百年未有之大变局和中华民族伟大复兴全局的大背景下，提升我国文化软实力、提高中华文化国际影响力的一项重要举措，具有重大的现实意义和深远的历史意义。

百科三版的编纂工作经国务院立项，得到国家各有关部门、全国科学文化研究机构、学术团体、高等院校的大力支持，专家、学者5万余人参与编纂，代表了各学科最高的专业水平。专家、作者和编辑人员殚精竭虑，按照习近平总书记的要求，努力将百科三版建设成有中国特色、有国际影响力的权威知识宝库。截至2023年底，百科三版通过网站（www.zgbk.com）发布了50余万个网络版条目，并陆续出版了一批纸质版学科卷百科全书，将中国的百科全书事业推向了一个新的高度。

重文修武，耕读传家，是我们中国人悠久的文化传承。作为出版人，我们以传播科学文化知识为己任，希望通过出版更多优秀的出版物来落实总书记的要求——推动文化繁荣、建设中华民族现代文明，努力建设中国式现代化强国。

为了更好地向大众普及科学文化知识，我们从《中国大百科全书》第三版中选取一些条目，通过"人居环境""科学通识""地球知识""工艺美术""动物百科""植物百科""渔猎文明""交通百科"等主题结集成册，精心策划了这套大众版图书。其中每一个主题包含不同数量的分册，不仅保持条目的科学性、知识性、准确性、严谨性，而且具备趣味性、可读性，语言风格和内容深度上更适合非专业读者，希望读者在领略丰富多彩的各领域知识之时，也能了解到书中展示的科学的知识体系。

衷心希望广大读者喜爱这套丛书，并敬请对书中不足之处给予批评指正！

《中国大百科全书》编辑部

"饮食百科"丛书序

　　食物是人类赖以生存和社会赖以发展的首要条件。由农业提供的食物大致可分为植物性食物和动物性食物两大类。植物性食物包括谷物、薯类、豆类、水果、蔬菜、植物油、食糖等；动物性食物包括家畜的肉和奶、家禽的肉和蛋以及鱼类和其他水产品等。按各种食物在膳食结构中的比重和用途，食物还可分为主食和副食以及调味品、零食等。主食和副食在世界不同的地方有不同的含义。在中国大部分地区，主食主要指谷物和薯类，通称粮食；而水果、蔬菜以至肉、奶、蛋等动物性食物则被归入副食一类。

　　人的营养需要，靠摄取不同种类的食物得到满足。谷物中碳水化合物占较大比重（63%～75%），是热量的主要来源；肉、奶、蛋富含蛋白质，来自家畜、家禽和水产品，是目前人类所消费的蛋白质的主要来源；蔬菜和水果是维生素和矿物质的主要来源。零食含有一定的能量和营养素，可以给人们带来一定的精神享受，也可满足特殊人群对某些营养素的需求。调味品能提升菜品味道，增进食欲，满足消费者的感官需要。维生素是一类维持生物正常生命现象所必需的小分子有机物，人与动物体内或者不能合成维生素，或者合成量不足，必须由外界供给。食品添加剂通常不作为食品消费，不是食品的典型成分，也不包括污染物或者为提高食品营养价值而加入食品中的物质，但正确使用食品添加剂对提高食品感官质量和营养价值、防止食品变质、延长食品保存期等具有一定作用。

　　为便于读者全面地了解各类食物，编委会依托《中国大百科全书》第三版作物学、园艺学、畜牧学、渔业、食品科学与工程、化学等学科内容，组织策划了"饮食百科"丛书，编为《谷物》《水果》《蔬菜》《肉奶蛋》《零食》《调味品》《食品添加剂》《维生素》等分册，图文并茂地介绍了各类食物、食品添加剂和维生素等。因受篇幅限制，仅收录了相对常见的类型及种类。

　　希望这套丛书能够让读者更多地了解和认识各类食物、食品添加剂和维生素，起到传播饮食科学知识的作用。

饮食百科丛书编委会

目　录

第2章 乳及乳制品 99

第3章 蛋及蛋制品 135

第1章

肉及肉制品

肉及其制品

肉是动物体组织能供人类食用的部分。肉的加工是指可供食用的动物经屠宰、加工（冷加工、热加工、腌制、干制、烟熏、罐藏等）而制成各种肉食品的过程。肉制品主要有香肠、火腿、腊肉、肉松、肉脯、培根、罐头等。

◆ 沿革

原始人以狩猎为生，捕获到动物后茹毛饮血。发现火之后，人类将捕杀的禽兽烤熟后再吃，并将毛皮、兽骨等分别利用。出现饲养业以后，人们开始有计划地屠宰和食用牲畜。公元前 3000 年，埃及已有吃猪肉的记载。1641 年出现了屠宰加工工厂。进入 20 世纪以后，肉类加工业已经成为某些国家较大的工业类之一。随着科学技术的发展，已用成套机械化设备屠宰牲畜。大型屠宰厂可日宰牲畜 1 万头，并有急冻、冷藏和各种加工设施，能加工成多种肉食制品、工业用品、饲料和药用制品，成为综合性的肉类联合加工企业。

◆ 肉

肉泛指牲畜经屠宰加工，除去皮、毛、头、蹄、骨及内脏后的可食部分。世界上的哺乳动物约有 3000 种，其中供食用的动物只有 20 种左右。猪、牛、羊是饲养量最大的牲畜，各国因资源、生活习惯和地理条件的不同，还食用其他畜肉。如因纽特人食用海豹和北极熊；中非一些国家食用犀牛、河马和象肉；澳大利亚人食用袋鼠；挪威和日本人食用鲸肉；中国有些地方食用马、驴、鹿和狗肉。

世界上主要的肉类出口国是阿根廷、澳大利亚、新西兰和丹麦，主要的肉类进口国是英国、美国和德国。进出口的肉类以牛肉为主，其次为羊肉和猪肉。

◆ 肉的组织

在肉类加工中，将动物体主要部位的组织分为肌肉组织、结缔组织（皮、肌腱等）、脂肪组织（皮下脂肪、腹腔脂肪等）和骨组织（硬骨、软骨）。

肌肉组织

肉食原料中最重要的部分。牲畜经屠宰、放血后除去毛、内脏、头、尾及四肢下部（腕及关节以下）后的躯干部分称为胴体。家畜的肌肉组织占胴体的 50%～60%，主要是横纹肌，因附着于骨骼，故称骨骼肌，可随动物的意志伸展或收缩，又称随意肌。血管、肠、胃壁中的肌肉称平滑肌或非随意肌。动物的心脏是一种特殊的肌肉，称为心肌。

构成横纹肌的基本单位是肌纤维，肌纤维细胞壁之间的结缔组织称肌内膜。每 50～150 根肌纤维集束由一层结缔组织膜包被起来，称第一肌束。数十根第一肌束再集成一个较大的束，由一层较厚的结缔组织膜包被起来称第二肌束。第一肌束和第二肌束统称为肌束，包被它们的膜统称为内肌束膜。多根第二肌束的集合，周围再包被以结实的结缔组织厚膜，即构成肌肉。包被着肌肉的外膜称外肌束膜或肌外衣。

肌肉纹理的粗细与肌束大小有关，还与肌束的厚薄及肌束膜处的脂肪沉积量有关。肥育良好的畜肉，由于脂肪的沉积，其切断面呈现为大理石状的纹理。

结缔组织

在动物体内分布极广。肌肉的肌内膜，内、外肌束膜，肌肉与骨骼的连接处，脂肪组织和淋巴结以及动物的皮肤等都存在着结缔组织。结缔组织一般由细胞和细胞间质构成，细胞间质包括基质和纤维。基质的形态不定，纤维和细胞分布在基质中。纤维分胶原纤维、弹性纤维和网状纤维 3 种。胶原纤维直径 1 ～ 12 微米，其构成成分是胶原蛋白。弹性纤维直径 0.3 ～ 10 微米，由弹性蛋白构成。网状纤维多见于脂肪组织。

脂肪组织

分布在动物皮下、脏器内外和腹腔中。脂肪组织由疏松结缔组织和脂肪细胞构成。脂肪细胞的直径为 35 ～ 130 微米，细胞内充满脂肪滴，细胞膜外面是一层网状纤维构成的膜，一定数量的脂肪细胞集聚在一起，外包结缔组织，保证脂肪滴不致流出。炼油时，需要破坏脂肪组织的结缔组织和内部的网状纤维膜，使脂肪滴从脂肪组织中流出。脂肪的气味、颜色、密度、熔点等因动物的种类、品种、饲料、个体发育状况，以及脂肪在体内的位置不同而有所差异。各种动物的特有气味，多数是由脂肪中所含的脂肪酸及其他脂溶性成分所形成的。

骨组织

在生物学上也属于结缔组织。其基本构成部分为骨松质、骨密质和骨膜。骨松质和骨密质由骨细胞和胶原纤维组成。骨松质含有许多小孔隙，其中充满骨髓。骨膜是一种胶原纤维组织，膜内布有血管和神经。硬骨中含有大量钙质，钙质沉着在胶原纤维上；软骨中没有钙盐。工业上用骨生产明胶。

◆ 肉的化学组成

主要是蛋白质、脂肪、糖、矿物质、维生素和水分等。肉的化学组成随动物的脂肪和瘦肉的相对含量而定。瘦肉中主要含水分和蛋白质。肥度越大，脂肪含量增加，蛋白质和水分的含量相应减少。

蛋白质

肉中蛋白质的含量仅次于水分的含量，大部分存在于动物的肌肉组织中。哺乳动物的肌肉大约占动物体重的 40%。肌肉中水分约含75%，蛋白质约含 20%。肌肉中的蛋白质可分为肌浆蛋白质、肌原纤维蛋白质和基质蛋白质。肌浆蛋白质占肉中蛋白质总量的 20%～30%，包括肌溶蛋白质、肌红蛋白质、球蛋白 χ 以及肌粒中的蛋白质等，属于可溶性蛋白质。肌原纤维蛋白质占肌肉蛋白质总量的 40%～60%，是肌肉的结构蛋白质或不溶性蛋白质，主要包括肌球蛋白、肌动蛋白和肌动球蛋白等。肌原纤维蛋白质和前者肌浆蛋白质含有人体营养所必需的全部氨基酸，属于完全蛋白质。基质蛋白质存在于结缔组织中，主要是胶原蛋白和弹性蛋白。基质蛋白质中色氨酸、酪氨酸和蛋氨酸等营养上必需的氨基酸的含量甚少，属于不完全蛋白质，但其中赖氨酸含量较高，一般被认为可与同时进食的植物性蛋白质起营养上的互补作用。

脂肪

广泛地存在于动物体中。一般家畜体内脂肪的含量为活体重的10%～20%，育肥者可高达30%以上。动物脂肪富含硬脂酸、软脂酸和油酸，并有少量其他的脂肪酸。不同动物脂肪酸的种类和含量不同，并由此决定动物的特有气味。肌肉组织的脂肪中，含有25%～50%的磷脂。磷脂含有较多的不饱和脂肪酸。在肉的存放和加工过程中，磷脂易于发生酸败。动物体内还含有固醇和固醇酯，在肝和脑中的含量较高。当摄取多量的动物性脂肪时，由于其含饱和脂肪酸较多，可使胆固醇进入肝脏，并因在肝脏中的排泄与转变较少，血浆中胆固醇含量明显升高。因此，心血管病患者常被建议食用植物油而尽量少吃动物性脂肪。

糖类

肉内的糖类主要是葡萄糖、核糖、糖原及由糖原分解产生的乳酸，它们的含量很少。动物宰后，糖原被酵解成乳酸，肉的pH值降低，出现僵硬。僵硬和成熟的过程在肉和肉制品的贮藏和加工中具有很重要的意义。

浸出物

肉类的浸出物含量为2%～5%，主要成分为核苷酸、嘌呤碱、胍化合物、氨基酸、肽、糖原、有机酸等。这些成分与肉的风味、滋味及气味有密切关系。琥珀酸、谷氨酸、肌苷酸是肉的鲜味成分，肌醇有甜味，以乳酸为主的有机酸有酸味。

矿物质

矿物质含量一般为 0.8% ～ 1.2%，其中主要是钾、磷、钠、钙、镁、铁等，还有微量的锰、铜、钴、锌、镍等。肉是人类膳食中磷和铁的良好来源。

维生素

瘦肉是膳食中 B 族维生素的良好来源。动物的肝脏是营养素的宝库，几乎各种维生素的含量都很高，尤其是维生素 A 的含量极为丰富。

水

水是肉中含量最多的组分。肥猪肉中含水分 40% 左右，瘦猪肉中水分可达 70% 以上；肥牛肉中水分含量为 50% 左右，瘦牛肉中水分可达 76%。肉中的水以结合水、不易流动水和自由水 3 种状态存在。结合水的蒸汽压极低，无流动性，冰点约为 -40℃，不能作为其他物质的溶剂，占水分总量的 15% ～ 25%。不易流动水存在于纤丝、肌原纤维及膜的网状组织内，能溶解盐及其他物质，并可在稍低于 0℃ 结冰，是肉中水的主要部分，肉的 pH 及向肉中添加盐类可明显影响肉保持这部分水的能力。自由水存在于细胞间隙及组织间隙中，含量不多。

◆ 肉的持水性

指肉在冻结、冷藏、解冻、腌制、绞碎、斩拌、加热等加工处理过程中肉中的水分以及添加到肉中的水分的保持能力。肉的持水性是由蛋白质的性能决定的，添加磷酸盐类可提高肉的持水性。持水性的高低直接关系到肉制品的质地和成品率。

◆ 肉的成熟

刚屠宰的动物的肉是柔软的，具有很高的持水性。牲畜宰后经过一段时间的放置，由于血液循环停止，肌肉的供氧停止，糖原不再氧化成二氧化碳和水，而是无氧酵解成中间氧化物乳酸。随着乳酸的生成和积累，肌肉的 pH 由原来的弱碱性（pH 为 7.0 ～ 7.4）逐渐降低到酸性极限 pH（一般哺乳动物肌肉的极限 pH 在 5.4 ～ 5.5）。此时，肉质变得粗硬，食之无味，持水性也大为降低，肌肉失去伸展性，这就是动物的死后僵硬。继续延长放置时间，则粗硬的肉又变得柔嫩，持水性有所回复，煮熟的肉具有特殊的香味。这一过程称为肉的成熟，俗称排酸。屠宰后，肉的 pH 下降速度受许多因素影响，如动物的种类、宰前的状态、个体的差别、肌肉的部位、环境温度等。动物宰前经过长途运输，处于饥饿、紧张、惊恐或经剧烈挣扎而呈现疲劳状态，则其糖原含量较低，糖原酵解后所得乳酸量亦少，成熟后肉的极限 pH 较高，易受微生物作用而腐败。

◆ 肉的分割

根据胴体不同部位肉块的质量等级及其对加工和销售的需要，将胴体分割成若干部分。分割后的肉称为分割肉。猪肉一般分割为里脊、前腿、后腿、大排和小排 5 种。根据不同的加工方法对原料部位的特殊要求，对猪肉还有更细的分割，如分割成夹心、肋条、后腿、脚圈、蹄髈、脊椎排、肋排和扣肉。牛肉一般分割成 3 种等级：里脊肉（从牛的胴体上靠近后腿的背脊分割出）和外脊肉（从腰肉分割出）属一级肉；后腿肉属二级肉；肋肉、胸肉、劲肉、腹肉、前腿肉和腱子肉属三级肉。

宰后经过成熟的肉或分割肉主要采用冷冻保藏。在冷冻过程中，肌肉组织中的水分生成冰结晶，对肌肉组织有破坏作用，其破坏是机械性的，因而是不可逆的，解冻时会造成肉汁的流失。冻结肉温度回升到冰点以上的过程称为肉的解冻。

◆ 肉的加工

在常温下，肉类易于因微生物、酶和氧气的作用而腐败变质。因此，肉类须在适宜的温、湿度条件下保藏和加工。腌制和干制是自古就已采用的方法。古代的腌制方法主要是利用食盐的防腐作用达到保藏肉类的目的，干制方法主要是利用日光、风力、阴干等自然条件达到脱水而保藏的目的。自从1875年发明氨制冷法以来，冷藏已成为保藏鲜肉的主要方法。低温可阻止微生物的生长，并抑制酶的活性，延缓化学反应。鲜肉可在 $-18℃$ 以下冷藏6个月而保持原有的性状。肉类冷藏的主要问题是脂肪的氧化。猪肉中不饱和脂肪酸的含量比牛羊肉高，更易氧化腐败。直到19世纪，腌制还是保藏肉类的主要方法，现在则主要是为了获得特殊的颜色和风味。肉的加工方法还有烟熏、罐藏、冷冻、干燥等。

腌制

让食盐、亚硝酸盐等成分渗入肌肉组织，降低肉的水分活度，提高肉的渗透压，借以有选择地控制微生物的活动和发酵，抑制腐败菌的生长，防止肉的腐败变质，提高肉的持水性能，改善肉的颜色和风味，这样的保藏方法称为肉的腌制。腌肉的方法有干腌法、湿腌法、干湿混合腌制法、动脉或肌肉注射腌制法等。腌制剂通常采用食盐、蔗糖和其他甜味剂、硝酸钠和亚硝酸钠、磷酸盐、香料、抗坏血酸钠或异抗坏血酸钠、水解植物蛋白和谷氨酸钠等。食盐是腌制剂中不可缺少的成分，它起脱水和改变渗透压的作用，能抑制细菌生长引起的腐败。仅用食盐腌制的肉干硬、味咸、色泽暗。加入蔗糖或淀粉糖可以改善肉的风味，加入硝酸钠或亚硝酸钠能起发色、增香、抑制肉毒梭菌和腐败菌的生长、延缓脂肪腐败的作用。硝酸钠本身不起作用，它须还原到亚硝酸盐后才起这些作用。亚硝酸盐在还原性条件下释出一氧化氮与肌红蛋白生成一氧化氮肌红蛋白，加热后生成稳定的一氧化氮亚铁血色原，使腌肉呈特有的粉红色。腌制剂中添加磷酸盐可提高肉的持水性，从而提高成品率，螯合微量金属离子，延缓制品腐败。三聚磷酸钠、六偏磷酸钠、焦磷酸钠等都可单独或混合使用，用量在 0.5% 以内。添加抗坏血酸钠或异抗坏血酸钠可以加速腌制过程，使肉制品的红色更为稳定，防止或减少亚硝胺的形成。一般用量在 550ppm 以内。

　　研究发现亚硝酸盐分解产生的亚硝酸能与肉类、鱼类组织中的仲胺类反应生成亚硝胺。亚硝胺是一类强致癌物，因而受到人们的关注。肉类制品中已发现的亚硝胺有二甲基亚硝胺、二乙基亚硝胺和亚硝基吡咯烷等。鉴于亚硝酸盐对肉类腌制具有多种有益的功能，现在世界各国仍允许用它来腌制肉类，但用量严加限制。中国对腌肉制品中亚硝酸钠的残留量规定为 30ppm。各国还采取其他措施防止亚硝胺的形成，如腌制剂中的香料和亚硝酸钠只在使用之前混合，添加抗坏血酸或异抗坏血酸及其钠盐，用 2- 生育酚涂覆的食盐腌制培根肉等，对防止亚硝胺的生成均有良好的效果。

烟熏

烟熏的目的主要是形成特种风味，防止腐败变质，发色和防止氧化。以前熏肉的烟熏程度极重，现在则趋向于轻度烟熏。烟熏和加热常相辅进行，有利于形成稳定性的熏肉色泽。烟熏还使肉制品表面形成棕褐色，其色泽随燃料种类、熏烟浓度、树脂含量、烟熏温度及表面水分而异。烟熏制品表面上形成的棕褐色或黑色物是糖醛或羟甲基糠醛等化合物。烟熏可按温度分为冷熏和热熏。温度不超过22℃的烟熏称为冷熏，适用于烟熏生香肠。温度超过22℃的烟熏称热熏（有时又分温熏和热熏），常用的温度为35～50℃。如需烤熟的制品，则用60～110℃温度，烟熏制品的内部温度至少应达到58℃以上，以杀死肉中可能含有的旋毛虫。生产上肉制品的中心温度常控制在65℃以上。有的国家已应用液态烟熏制剂，其优点是不需要熏烟发生器，可节省大量投资费用，液体烟熏制剂成分稳定，生产过程重现性好，无致癌物，比较卫生。

罐藏

将肉类经过预处理（如分割、切块、预煮、腌制、绞碎、乳化、调味等）后，用密封容器（如金属罐、玻璃瓶、复合薄膜袋等）包装，经过适度的热杀菌后达到商业无菌，在常温下能长时间保存食品的方法。

◆ 肉制品

肉制品主要有香肠、火腿、腊肉、肉松、肉脯、培根等。

香肠

古老的肉食加工品之一。可以是经过加工的半成品，也可以是直接食用的成品，食用非常方便。生产香肠的工厂可以按不同配料，充分利用原料和副产品，成本较低。香肠中一般都含有大量优质蛋白质，铁、锌等多种人体必需的无机盐和 B 族维生素。加工方法有腌制、乳化、干燥、烟熏、发酵等。各种香肠的配料与加工工艺都各有特色，制品也各具风味。如中国广东香肠，以上等的猪前后腿肉为原料（瘦肉用量占 70%，肥肉占 30%），配料有精盐、蔗糖、汾酒、酱油、硝酸钠等，烘房温度约 50℃，时间约一昼夜。按一定流程生产。

火腿

古老的肉食加工品之一。传统的火腿都用干法腌制，腌后还要经几个月的成熟才成为具有特殊风味的产品。成品可在室温下存放几个月。中国的传统产品如金华火腿和宣威火腿都属于此。其特点是生产周期长，成品咸度大，水分含量低，质地比较硬，风味浓。现在广泛采用注射盐水的方法进行腌制，生产周期大大缩短，也具有腌制火腿的特殊风味。

金华火腿以肉质新鲜的猪后腿为原料，经腌制、洗晒（洗去表面剩盐，日晒 4～5 天）、发酵（火腿肉面长出青霉进行自然发酵，发酵成熟的火腿具有特殊的香味），即为成品。

盐水火腿采用注射盐水的方法进行腌制，以罐头或塑料袋包装，成品需在 0～4℃贮藏，可直接食用。其生产流程为：原料经修整、称重后注射盐水，然后揉滚腌制约 20 小时，加压装罐并真空封口，经加热杀菌、冷却后包装，移置冷藏室内贮藏。

腊肉

以湖南腊肉为例，生产过程为：选料（选取皮薄、肥瘦适度的鲜肉或冻肉的肋肉，切成肉条）、腌制（有骨腊肉用食盐、花椒、硝酸钠腌制，无骨腊肉用精盐、硝酸钠、白糖、白酒和酱油配成腌制剂腌制。可用干腌、湿腌和混合腌 3 种方法中的任一种进行腌制）、漂洗晾干、烟熏（肉条悬挂在熏房内，熏房内初温 70℃，3～4 小时后逐步降温到 50～55℃，熏制一昼夜）、成熟（需 3～4 个月）。

肉松

中国的传统肉食制品。以太仓肉松和福建肉松的产量最大。太仓肉松的蛋白质含量达 40%，疏松柔软，香味浓郁，易于消化，适宜作老人、病人、产妇和小孩的营养食品。加工过程包括选料、煮肉、炒松等步骤，配料有酱油、白糖、生姜、黄酒、茴香等。成品率为 35%～36%。福建肉松的成品为颗粒状，大小均匀，无硬粒，不焦苦，酥松易嚼，入口即化，香味浓郁，稍具甜味。加工过程大致与太仓肉松相同，配料有酱油、白糖、红糟、猪油等。

肉脯

以江苏靖江肉脯为名特产品。其色棕红，光泽鲜艳，甜而微咸，味道鲜美，食用方便。选用猪后腿为原料，经处理、速冻后切成薄片，加入白糖、酱油、胡椒、鸡蛋、味精等拌匀，经烘烤而成。

培根

欧美人普遍食用的一类腌熏肋条肉，以猪或牛的腰肉为原料，用干法腌制或湿法腌制再烟熏而成。干法腌制是将混合腌制剂擦在去皮的腰肉表面，在冷库内腌制 10～14 天，然后再烟熏。现在商业上都用湿法腌制，用多针头注射机注入盐水，穿孔后挂在熏房内烟熏。烟熏的时间取决于：①肉块的大小；②熏房内空气流速；③熏房温度；④要求的中心温度。烟熏时可以采用分段升温的方法，从 50℃ 经 4 ～ 5 小时逐步升温至 60℃，熏至中心温度达 55℃。现在多数工厂已采用在 55 ～ 60℃ 的恒温下烟熏，熏至中心温度达 55℃ 左右，肉呈稳定的腌制红色为止。取出冷却至 0℃ 左右，整形，按用户的要求一般切成 0.8 毫米、1.6 毫米和 3.2 毫米三种厚度的薄片，煎后食用，采用复合薄膜真空包装。

热鲜肉

热鲜肉是生猪屠宰后不经冷却加工，直接上市的肉。中国传统鲜肉消费的主要形式，一般是凌晨屠宰、清早上市。

热鲜肉加工的历史悠久，可以追溯到夏商周时期。在夏朝末期，畜牧业已较为发达，到了商朝时，畜牧业得到进一步发展，同时畜禽屠宰、肉类加工等也逐渐向专业化发展。据《礼记·王制》记载，西周时期官府就已对肉类食品的上市做出明确规定："禽兽鱼鳖不中杀，不粥于市。"即如果畜禽和水产品达不到屠宰的标准，就不准上市销售。

由于没有经过冷却处理，肉块温度较高，加之运输、销售环境差，有利于微生物的污染和繁殖，导致腐败变质，存在较大的食用安全隐患。此外，热鲜肉的保质期较短，夏季热鲜肉的保质期不超过 12 小时，限制了远途销售。因此，热鲜肉已逐渐被冷却肉所取代。

肉 干

肉干是畜类瘦肉经切片、煮制调味、脱水干燥制成的肉制品。

按原料可分为牛肉干、猪肉干等；按配料可分为咖喱肉干、五香肉干、辣味肉干等；按形状可分为片状肉干、条状肉干、粒状肉干等。肉干的制作方法大同小异，传统工艺流程大致包括原料→初煮→切坯→煮制汤料→复煮→收汁→脱水→冷却包装。原料以新鲜瘦肉为好。先将原料肉的脂肪和筋腱剥去，然后洗净沥干，水煮后捞出，切成适当的形状和大小。根据需要添加不同的配料进行复煮。之后将肉片进行烘烤，至肉干变硬变干。冷却后包装贮藏。

条状肉干

将肉类加工成肉干，不仅保存了肉类原有的营养，还可延长肉类的保质期。肉干在干燥通风处可保存 2～3 个月。

肉 松

肉松是以畜禽瘦肉为主要原料，经修整、切块、煮制、撇油、调味、收汤、搓松制成的肌肉纤维蓬松成絮状的熟肉制品。又称肉绒、肉酥。

肉松按原料可分为猪肉松、牛肉松、鸡肉松、鱼肉松等，其中猪肉松以太仓肉松和福建肉松最为著名。按形状可分为绒形肉松和粉状（球状）肉松。按脂肪含量可分为普通肉松和油酥肉松，其中油酥肉松是以畜禽瘦肉为主要原料，经修整、切块、煮制、撇油、调味、收汤、搓松，再加入植物油炒制成颗粒状或短纤维状的熟肉制品。肉松营养丰富，其水分含量一般小于 20%，脂肪一般小于 10%（油酥肉松 30%），蛋白质一般不低于 32%（油酥肉松 25%），食盐一般小于 7%，总糖一般小于 35%，淀粉一般不超过 2%。

肉松制作简单。首先选取原料肉，除去其中的骨、皮、脂肪、筋腱及结缔组织等，然后将瘦肉顺其纤维纹路先切成肉条后，再切成 3 厘米长的短条，经浸水洗去淤血和污物。将切好的瘦肉放入锅中，加入与肉等量的水，然后分三个阶段进行加工。第一阶段：用大火煮沸后，撇去上浮的油沫，直至将肉煮烂，即可加入调料，并继续煮至汤快干时为止。第二阶段：炒压阶段，即用中等火头，一边用锅铲压散肉块，一边翻炒。第三阶段：炒干阶段，火头要小，连续勤炒勤翻，在肉块全部松散和水分完全炒干时，颜色由灰棕转变成灰黄色。最后揉搓成形，制成肉松。

肉　脯

肉脯是以畜禽类瘦肉为原料加工制成的干熟薄片状肉制品。包括肉片脯和肉糜脯。

①肉片脯。选畜禽类瘦肉，剔骨后修去肥膘、筋膜、碎肉，切块，洗去油腻，装入肉模，速冻后用切片机切成薄片，加调料腌渍约 1 小时。将腌渍后的肉片平摊于筛筐上，送入蒸汽烘房，在 65℃ 条件下用 5 ～ 6 小时烘成干坯，自然冷却即成半成品。将半成品在 100 ～ 105℃ 的高温下烘至出油，呈棕红色，压平后按规格切成一定形状，即为成品。

②肉糜脯。原料肉经搅碎、拌料、腌制、抹片、烘烤、成熟、包装

等工艺制成。将肉放入斩拌机，加入配好的辅料高速斩拌成肉糜。在 2 ～ 4℃ 下进行腌制，然后在竹片上铺成厚度为 0.5 ～ 2 毫米的薄片，置不锈钢架上推进蒸汽烘

肉糜脯

房，70 ～ 75℃ 下恒温烘烤 2 ～ 3 小时，表皮干燥成膜时剥离肉片并翻转，再 60 ～ 65℃ 烘烤 2 小时，即为半成品。将半成品放入 200 ～ 220℃ 的远红外高温烘烤炉中烘烤 1 - 2 分钟，经过预热、收缩、出油 3 个阶段烘烤成熟即为成品。

肉脯具有色泽棕红、光泽美观、口味香甜、食而不腻等特点。

肉 泥

肉泥是以新鲜瘦肉为原料加工制成的泥糊状或碎泥状食品。

肉泥产品按照形态分类分为泥糊状（吞咽不需要咀嚼）和碎泥状（含有适于锻齿要求的碎块）两类。按照制作方式可分为家庭自制肉泥和工业化生产的成品肉泥。

肉泥制作时须使用新鲜瘦肉，一般为猪肉、鸡肉和牛肉。市场上大部分肉泥产品加入蔬菜，荤素搭配，营养更加丰富充足。

肉泥的感官要求有以下几点。①色泽呈灰白色或浅褐色，有光泽。②具有肉泥应有的滋味和气味，无焦煳味和其他异味。③泥糊状的肉泥要求颗粒细小、均匀，吞咽前无须咀嚼；碎泥状肉泥要求碎块小于5毫米，且稀稠程度适中。

肉泥的蛋白质含量应 ≥ 5%，脂肪含量不超过产品蛋白质的实际含量，干燥物 ≥ 10%，钠含量 ≤ 0.2%。应无致病菌及因微生物作用引起的腐败，且不得使用调味料、香辛料和防腐剂等食品添加剂。

肉泥除用作婴幼儿辅食外，还可制成一些肉泥类特色小吃或用作食品原料，如用于制作肉丸、肉馅或香肠等。

腌腊制品

腌腊制品是以鲜（冻）畜、禽肉或其可食副产品为原料，添加或不添加辅料，经腌制、烘干（或晒干、风干）等工艺加工而成的非即食肉制品。

◆ 种类及特点

腌腊制品包括咸肉、腊肉、酱肉、风干肉和火腿等。

①咸肉类。又称腌肉，是原料肉经腌制加工而成的生肉类制品，食用前需经熟制加工。主要特点是成品肥肉呈白色，瘦肉呈玫瑰红色或红色，具有独特的腌制风味，味稍咸。常见咸肉类有咸猪肉、咸羊肉、咸水鸭、咸牛肉和咸鸡等。

②腊肉类。肉经食盐、硝酸盐、亚硝酸盐、糖和调味香料等腌制后，再经晾晒或烘烤或烟熏处理等工艺加工而成的生肉类制品，食用前需经

熟化加工。成品呈金黄色或红棕色，产品整齐美观，不带碎骨，具有腊香，味美可口。主要代表有中式火腿、腊猪肉（如四川腊肉、广式腊肉）、腊羊肉、腊牛肉、腊兔、腊鸡、板鸭、鸭肫干、板鹅、鹅肥肝、腊鱼等。

③酱肉类。肉经食盐、酱料（甜酱或酱油）腌制、酱渍后，再经脱水（风干、晒干、烘干或熏干等）加工制成的生肉类制品，食用前需经煮熟或蒸熟加工。具有独特的酱香味，肉色棕红。常见的有清酱肉（北京清酱肉）、酱封肉（广东酱封肉）和酱鸭（成都酱鸭）等。

④风干肉类。肉经腌制、洗晒（部分产品无此工序）、晾挂、干燥等工艺加工而成的生肉类制品，食用前需经熟化加工。风干肉类干而耐咀嚼，回味绵长。常见风干肉类有风干猪肉、风干牛肉、风干羊肉、风干兔和风干鸡等。

⑤火腿。用猪的前后腿经腌制、发酵等工艺加工而成的生肉类制品，食用前需熟化加工。

◆ **风味的形成**

腌腊肉制品风味的形成是一个复杂的过程，尚未发现一种或一类化合物能够形成腌腊肉制品特有的风味。国内外学者认为肉制品风味的产生途径主要有脂质氧化、前体物质的降解、美拉德反应及其交互作用。典型风味物质包括挥发性醛、酮、醇、酯类化合物、噻唑类、噻吩类及其衍生物等。不同产品风味各异，但每种腌腊肉制品的特征挥发性化合物均含有醛类、酮类和醇类。其中醛类的种类多且占总数的比例较大，特别是己醛，还有辛醛、壬醛、2-甲基丁醛等。腊肉和发酵香肠中的酮类种类较其他三种多，但 2- 庚酮、3- 羟基 -2- 丁酮在大部分制品中都为特征性风味化合物，而部分酮只有某种腌腊肉制品含有，如 2- 戊酮、2- 己酮、4- 羟基 -5- 甲基 -3（2H）呋喃酮仅为发酵香肠的特征物质，2,3- 戊二酮、2- 辛酮、2- 十五酮仅分别为干腌火腿、风干鱼制品、腊肉的特征物质。腊肉和风干鱼制品中的醇类种类较其他三种多，火腿中仅有 1- 戊烯 -3- 醇，风鸭中仅有 1- 戊醇、1- 辛烯 -3- 醇。酚类仅为香肠和腊肉的特征风味物质。腊肉中酯类的种类和含量较其他四种最多。烃类物质仅为风干鱼制品和腊肉的特征化合物。风鸭中的含硫化合物种类较多，且占总量的比例较大，而香肠和腊肉中并未出现此类化合物。呋喃类虽然只有 2- 戊基呋喃一种，却是干腌火腿、腊肉、风鸭和发酵香肠共有的特征挥发性化合物。

◆ 质量安全

腌腊肉制品的典型特点是高盐，可常温暴露保藏。加工过程中易形成亚硝胺、生物胺、甲醛和苯并芘等有害物质，且脂肪氧化严重。对这些物质在不同产品生产加工中的形成、转化规律尚不清楚，缺乏生产前"导向预防"的控制策略。

咸 肉

咸肉是以猪肋条肉为原料，经食盐和其他辅料腌制，不经熏煮脱水等工序加工而成的生肉制品。又称腌肉、渍肉、盐肉。

咸肉是大众化的食品，味美可口，加工简单，费用低，可长期保存。

按原料肉的部位不同可将其分为连片、段头和成腿。连片以整个半片猪胴体为原料，无头尾、带脚爪，腌成后每片重 13 千克以上；段头以不带后腿及猪头的猪肉体为原料，腌成后重 9 千克以上；成腿又称香腿，以猪后腿为原料，腌成后质量不低于 2.5 千克。

通过向肉品中加入食盐，可提高渗透压，抑制或杀灭肉品中的部分微生物，同时减少肉制品的含氧量，并抑制酶活性，从而达到食品保藏的目的。腌制过程中，蛋白质有一定量的损失。若贮存不当，脂肪组织可在空气、阳光等因素的作用下，发生水解和不饱和脂肪酸的自身氧化，甚至发生酸败，使营养价值降低。另外，由于加入食盐可使鲜肉中的水分析出，肉局部脱水，导致部分水溶性维生素（如 B 族维生素）丢失，同时损失部分无机盐。

质量上乘的咸肉应外观清洁，刀工整齐，肌肉坚实，表面无黏液，切面的色泽鲜红，肥膘稍有黄色。食用前需用盐水（浓度应低于咸肉所含盐水的浓度）漂洗除盐。经过几次漂洗，最后用淡盐水冲洗即可。

中国多个地区生产咸肉，其中浙江咸肉、四川咸肉、上海咸肉等较为著名。中国浙江生产的咸肉称南肉，苏北地区产的咸肉称北肉。

培根肉

培根肉是腌熏猪肉制品。用整侧猪肉，去肋骨后腌渍或烟熏而成，有些制法如加拿大培根肉，是从猪腰部取肉，肉较瘦。数世纪以来，培根肉一直是西欧农村的主要肉食。品种因肉的部位及腌制方法而异。现在有些国家和地区已实行培根肉标准化，如爱尔兰或意大利。培根肉可储存较长时间，因而 19 世纪后期，在世界商品贸易中，它成为唯一重要的肉制品。20 世纪美国市场的培根肉分为 5 种标准型式：厚块、正规肉片、薄片、厚片和碎片或零头。厚块培根肉取自冷藏腌制 10 ～ 14 天后的猪腹部或整侧猪肉，然后煮和熏，是肥瘦五花肉，通常带皮。切片培根肉取自厚块，去皮，切齐包装。培根肉脂肪含量高，就营养而言并不理想。按重量计算，美国产的生培根肉只含 8.5% 蛋白质。然而人们喜欢培根肉的烟熏香味，常和鸡蛋一起食用，并作为各种不同菜肴的配料。

血 肠

血肠是以畜禽血或混同畜禽肉或舌、皮、脂肪为原料，经相关工序加工后灌入肠衣，经过蒸煮或低温加工等工艺制成的肉制品。

肠由古代帝王及族长祭祀所用祭品演变而来。据《满洲祭神祭天典礼·仪注篇》记载，每逢宫廷举行祭祀时"司俎满洲一人进于高桌前，屈一膝脆，灌血于肠，亦煮锅内"，此即血肠，是辽宁和吉林满族特有的传统名菜。

血肠划分为高质量、中质量和普通质量三种类型。其中高质量的血肠多含少筋腱的瘦肉、去皮脂肪、血 / 皮混合物，但不含脏器（肝脏除外）；中质量的血肠含有较老（筋腱多）的肉或脂肪，也含充分绞细的脏器（肝和心脏为块状）；普通质量的血肠含有块状脏器和香肠肉馅。

血肠的加工工艺为：原料选择→预煮→斩拌→混合→灌肠→冷却→成品。

熏煮肠

熏煮肠是以鲜、冻畜禽肉为原料，经修整、腌制（或不腌制）、绞碎后，加入辅料，再经搅拌（或斩拌）、乳化（或不乳化）、滚揉（或不滚揉）、充填、烘烤（或不烘烤）、蒸煮、烟熏（或不烟熏）、冷却等工艺制作的香肠类熟肉制品。

其加工工艺主要包括：①原料整理。目的是除去对灌肠口味和质量不利的杂质。②腌制。采用干腌法。添加腌制剂拌和均匀，放入腌制室腌制。③绞碎。肉在绞碎时与机器摩擦产生热量，易引起变质，故肉在绞碎之前需冷却。④斩拌。将原料粉碎至肉浆状。⑤搅拌。将经过斩拌的肉糜或者不需斩拌的绞碎肉放入搅拌机，加入配料和适当的水进行拌和，最后加入膘丁搅拌至肉糜发黏为止。⑥灌肠。灌肠须均匀，过松易渗入空气而变质，过紧肉馅膨胀易使肠体破裂。⑦烘烤。目的是使肠衣干燥，易于在煮制时着色，同时使肉馅变红，促成后熟。烘烤可以在熏室里进行。⑧蒸煮。蒸煮和染色同时进行。先将水加热至 90 ～ 95℃，加入色素，搅和均匀，随即放入灌肠进行煮制。⑨烟熏。主要作用是使灌肠有一种清香的烟熏味。熏烟中酚、醛类的附着有利于灌肠的防霉和贮藏。

发酵香肠

发酵香肠是将绞碎的肉和动物脂肪同糖、盐、发酵剂和香辛料等混合后灌入肠衣，经过微生物发酵而制成的具有稳定的微生物特性和典型发酵味的肉制品。

发酵香肠起源于 200 多年前的意大利，后传入德国、西班牙及世界其他各地。

发酵香肠生产过程中的产酸量和产酸率在加工工艺上具有决定性的作用。原辅料是影响产酸量和产酸率的第一要素，涉及原料肉的质量、盐的含量、碳水化合物的含量、硝盐的含量、初始 pH、发酵剂的活性等。发酵过程中的发酵剂是在水相中起作用，原料肉中的水分含量越高，发酵速度就越快。过多的脂肪会使原料的水分含量降低，影响发酵过程。盐可以加快脱水并有利于风味产生，一般 2% 左右的食盐可以产生理想的效果，超过 3% 时会影响到菌种活力，延长发酵时间。辅料中还包括葡萄糖和蔗糖，作为菌种生长代谢的营养物，经过发酵过程产生乳酸。其用量一般为 0.5% ～ 2.0%。所需的产品 pH 越低，所需的糖越多。生产中为了使初始 pH 快速降低，从而达到抑制杂菌生长的目的，有时会用到酸味剂。发酵香肠中常用的酸味剂有葡萄糖酸 $-\delta-$ 内酯和微胶囊化的乳酸，它们与鲜肉混合，在发酵初始阶段使 pH 快速降低。

乳化香肠

乳化香肠是将原料肉、水、香辛料、食品添加剂和其他辅料经过斩拌、灌装、蒸煮等加工工艺制成的产品。

以畜禽肉为主要原料，通过绞切、斩拌、乳化等工艺操作制成肉馅，填充入天然或人造肠衣中，再根据产品的品质特点，进行烘烤、蒸煮、烟熏、干燥等处理制成。

常见的乳化香肠有法兰克福肠、博格纳肠、肝肠等。法兰克福肠是

碗形切碎机制作细碎的肉糊

准备烟熏的香肠

法兰克福肠

肝肠

最早的乳化香肠，19世纪初，德国移民将乳化香肠加工技术带到美国，后来就诞生了热狗。20世纪初，乳化香肠的加工技术从德国传入中国。

维也纳小香肠

维也纳小香肠是以猪肉为主要原料，经绞碎、腌制后添加香辛料和辅料斩拌成肉糜，灌入肠衣后，经烘烤、蒸煮、烟熏而制成的肉制品。

由定居在维也纳的 J.G. 拉纳命名。在欧洲，传统意义上的维也纳小香肠由五香火腿制成，味道和质地类似于北美的"热狗"或"法兰克福香肠"，但是外观通常较长，质量较轻，且肠衣可食用。维也纳小香肠在欧洲常用作面包中的辅料，称"热狗"。

在北美的维也纳小香肠通常较短小，主要以猪肉制成，偶尔以火鸡肉、鸡肉或牛肉替代，均匀混入盐和香料尤其是芥末，然后灌入肠衣煮熟并烟熏。可切成小段制成香肠罐头或进一步烹饪。也使用添加剂（如明胶）或风味调料品（如辣椒或烧烤酱等）。具有食用前无须加热、货架期较长等优点。

维也纳小香肠的生产工艺流程为：原料选择和整修→绞肉→斩拌→填充→干燥→烟熏→蒸煮→冷却→成品。

啤酒肠

啤酒肠是用黑胡椒、辣椒粉、芥菜籽等作为调味料制作的具有独特大蒜味的风味烟熏蒸煮肉肠。全名德式啤酒肠，又称啤酒萨拉米、熟萨拉米。

因常配合啤酒一同食用而得名，加工技术和配方与啤酒并无关系。原产于德国巴伐利亚等地。主要原料为猪肉和牛肉，部分原料需预先腌制。外形短粗。大蒜是重要调味料，其他香辛料包括黑胡椒、辣椒、芥末等。鲜啤酒香肠一般不经过烟熏，置冰箱内冷藏成熟 2 ～ 3 天后，水焯或油煎加热即可食用。香肠颜色深红，蒜味浓郁，一般切片夹三明治食用。

西式发酵香肠

西式发酵香肠是将绞碎的猪肉、牛肉、羊肉及动物脂肪加入糖、盐、香辛料等辅料，与发酵剂等混合后灌入肠衣，经多种微生物发酵制成的具有典型香味和特性的发酵肉制品。

根据肉馅的形态可将其分为粗绞香肠和细绞香肠。根据产品再加工过程中的失水量，可将其分为干香肠（失重 30% 以上）、半干香肠（失重 10% ～ 30%）和不干香肠（失重 10% 以下）。

乳酸菌是西式发酵香肠的优势菌群，通过发酵糖类产生乳酸和乙酸等酸性物质，间接促使原料肉中蛋白质降解形成风味物质，形成良好的质构、独特的风味和较高的营养价值。有研究表明，乳酸菌可有效抑制香肠中致腐和致病微生物的生长，对香肠发酵过程中可能形成的亚硝酸盐和生物胺也具有降解和清除作用，可有效保证产品的安全性。

西式发酵香肠风味独特，质地紧密，弹性好，容易切片，货架期较长，具有一定的营养价值。与中国腊肠同属典型的耐贮性生食类香肠制品，但因原辅料和加工条件存在差异，微生物生态学和风味截然不同。

意大利色拉米香肠

意大利色拉米香肠是以猪肉、牛肉等为原料，调味较浓的经过发酵的香肠。又称意大利萨拉米香肠。

色拉米，在意大利语中意为"加盐"，后专指加入香料和盐，经过发酵的、风味独特的肉肠。用料主要精选不同部位的猪肉（肥瘦肉比例约为 4∶10），也可采用混合的猪肉和牛肉，还可以使用鹿肉或其他肉类，如鸡肉、鹅肉、山羊和小羊肉等。

色拉米香肠品种较多，差别主要在于原料肉种类、肥瘦肉比例、肉馅绞碎程度等。意大利不同地区的色拉米香肠不尽相同，每种意大利色拉米香肠也都有其独特的配方、腌制和成熟方法。比较具有代表性的意大利色拉米香肠有：①米兰色拉米香肠。肉颗粒度小，含有黑胡椒。②索普瑞萨塔肠。含有较大颗粒原料肉，常加入红胡椒。③意大利辣肉肠。最大特点是水分含量低。

除食盐外，意大利色拉米香肠中还加入大蒜、红辣椒、黑胡椒等意大利人喜爱的典型调味料。经熏烤工序后，需吊挂在干燥、通风、阴凉处风干，时间长达三四个月。风干过程中，还需每周对香肠进行翻挂，以使香肠内部的水分蒸发和脂肪颗粒收缩速度达到均衡。切开香肠，可见横断面暗红色瘦肉中夹杂着白色的小点状肥肉。意大利色拉米香肠具有气味芳香、切面肥瘦均匀、红白分明、入口细腻、淡酸微咸、余香持久等特点。

意大利色拉米香肠口味醇香，成为意大利冷盘中不可缺少的食品。既可以直接配红酒食用，也可以配以面包即食或水煮，或油煎后食用，也可拌其他菜品食用。

中式肠类制品

中式肠类制品是以畜禽肉为主要原料，经腌制、绞碎或者斩拌乳化成肉糜状，并且混合各种辅料，充填入天然肠衣或者人造肠衣中成型，经烘烤、烟熏、蒸煮、冷却或发酵等工序制成的食品。

中式肠类制品包括传统的中式香肠，以及由国外传入后经改进并自成体系的熏煮肠、粉肠和火腿肠。腊肠、枣肠、风干肠等是中式香肠的主要产品。粉肠是一种中国广东及香港地区传统的汉族名菜，属于粤菜。

火腿肠具有肉质细腻、鲜嫩爽口、携带方便、食用简单、保质期长等特点。广式腊肠是中式肠类制品的典型代表，是以猪肉为主要原料，经切丁，加入食盐、亚硝酸盐、白酒、酱油等辅料腌制后，充填入可食性肠衣，经过晾晒、风干或烘烤等工艺制成的一类生干制品。食用前需进行熟制加工。中式肠类制品具有酒香、糖香和腊香，其风味有赖于成熟期间香肠中各种成分的降解、合成产物和特殊的调味料等。

西式肠类制品

西式肠类制品是畜禽鱼肉经绞切、腌制（或不腌制）、斩拌、乳化成肉馅、肉丁、肉糜或其他混合物，并添加调味料、香辛料、填充料，灌入肠衣（或成型），再经烧烤、蒸煮、烟熏、发酵、干燥等工艺（或其中几个工艺）制成的熟肉制品。西方人俗称香肠制品。

◆ 产品分类

西式肠类制品品种繁多，法国有 1500 多种，德国仅热烫香肠就有 240 多种，瑞士的 Bell 色拉米工厂常年生产 750 个色拉米品种。各国尚无统一的分类方法。美国和日本较为普遍的分类方法有：按肉的腌制与否分为鲜香肠和腌制香肠；按生熟程度分为生香肠和熟香肠；按烟熏程度分为烟熏香肠和无烟熏香肠；按发酵与否分为发酵香肠和不发酵香肠；按含水分多少分为干香肠和半干香肠。

◆ 工艺流程

香肠的工艺流程为：原料肉的选择与加工→腌制→绞碎→斩拌→灌制→烘烤→熟制→烟熏→冷却→包装→贮藏。

◆ **影响产品感官质量的因素**

主要有选料、腌制、绞肉、斩拌、灌馅、烘烤、蒸煮和烟熏等。

①选料。用不新鲜的肉灌制的产品，因其中的肌红蛋白和脂肪发生一定程度的氧化变色，造成肠身外表色泽不鲜艳，切面肉色淡。肉馅的pH 过高，亚硝酸盐不能及时转化成亚硝 -NO，不会产生红色的亚硝基肌红蛋白，造成切面肉色不发红。另外，选择僵直阶段的肉作原料，因其保水性、弹性都较差，易造成产品肠身松软无弹性，切面不湿润，肠馅发渣等不良现象。选料时还要确保一定的肥瘦比例，若脂肪比例偏高，不利于肉馅的乳化，易造成切面不坚实、无弹性，切面成片性能差；脂肪比例过低，则口感粗糙，缺乏嫩滑细腻的感觉。

②腌制。原料在较高温度条件下进行腌制受微生物污染而变质，或因腌制不透而影响了肉馅的吸水能力，均可导致肠身松软无弹性、切面不坚实。另外，亚硝酸盐的用量不足，会导致切面虽有红色，但淡而不匀，并极易发生褪色。

③绞肉。肉在绞碎时，由于与机器摩擦产生热量，引起蛋白质变性，持水性下降，导致切面发散、不湿润。绞肉机的刀面装得过紧、过松、不平及刀刃不锋利时更易产生此现象。因此，肉在绞碎之前必须冷却。

④斩拌。目的在于把原料粉碎至肉浆状，激活肌肉的肌原纤维，产生良好的乳化效果。斩拌时肉吸收水分膨润形成极富黏性的肉糜，故需加入适量的水。若肉馅水分含量过高，在迅速加热时，肉馅的膨胀会将肠衣胀裂，在烟熏时会影响皱纹的产生；肉馅的含水量不足，则易引起切面不坚实、不湿润、发散的现象。斩拌不充分，肌球蛋白释放不完全，

肉馅出现湿表面，乳化效果不佳；或者由于斩拌时间过长，导致内馅温度升高，引起肌肉蛋白质变性，破坏其胶体状态，造成游离水分外流，均可导致肠身松软无弹性、切面易散等现象。因此，斩拌时加水量需准确，宜加冰水，斩拌时间不宜过长。

⑤灌馅。肠馅混进空气，易造成切面气孔多，且气孔周围肉的颜色发黄发灰。灌肠机宜配备抽真空装置，如无真空设施则需注意使肉糜尽量装紧，以减少气泡的形成。灌馅时必须松紧均匀，过松易使空气渗入而变质；过紧则煮制时可能发生"爆肠"，造成肠衣破裂。

⑥烘烤。目的在于使肠衣干燥，产生一定的韧性，同时使肉馅变红，促成后熟，蒸煮时易使肠身着色。若热烘时火力太大，温度过高或温度忽高忽低，易使肠衣破裂；肠坯未烘就直接煮制或热烘时间太短，未烘到一定程度，肠衣经不起肉馅膨胀的压力，也会造成肠衣破裂。此外，烘烤时若肠的下端离火堆太近，易使肠下端起硬皮，严重时会起壳，造成肠馅分离。

⑦蒸煮。蒸煮时蒸汽不宜丌得太足，翻肠时轻拿轻放，可进一步减少肠衣破裂。蒸煮时间不够，使肠馅煮得不透、不熟，易造成肠体软弱、无弹性、肉馅有黏性。

⑧烟熏。作用在于使肠有一种清香的烟熏昧，利于贮藏；肠表面产生光泽，透出肉馅红色，并产生均匀的核桃式皱纹。若烟熏温度不够或熏烟质量差，以及烟熏后吸湿，都会使肠衣无光泽。另外，熏时物料太湿，烟气中湿度过大，温度上不来，会导致肠身没有核桃壳式皱纹产生。

西式蒸煮香肠

西式蒸煮香肠是以畜禽鱼肉为原料，经修整、腌制（或不腌制）、绞碎后加入辅料，再经搅拌（或斩拌）、乳化（或不乳化）、充填（或不充填）、烘烤、蒸煮、烟熏（或不烟熏）、冷却等工艺制作的香肠类熟肉制品。

根据肠径大小、肉馅斩拌细度及组织状态，可将西式蒸煮香肠分为小香肠、细斩肉馅型香肠、粗型香肠、带肉块型香肠和特型香肠（肉糕、肉卷等）。根据原料等级可大致将西式蒸煮香肠划分为三个质量等级，即特级、优级和普通级。

火　腿

火腿是以猪腿肉为原料经销金华火腿的食品店，经腌制、成熟制成的食品。古老的肉食加工品之一。传统的火腿选用带皮、带骨、带猪爪的整只猪腿，用干法腌制，腌制后要经过几个月的成熟才成为具有特殊风味的产品。成品可在室温下存放几个月，但存放过久表面色泽会变黄，脂肪氧化有腐败味。中国的传统产品如金华火腿和宣威火腿都属于此类。其特点是生产周期长，成品咸度大，水分含量低，组织质地比较硬。

金华火腿以肉质新鲜的猪后腿为原料，经腌制、洗晒（洗去表面剩盐，日晒4～5天）、发酵（火腿表面长出青霉进行自然发酵，发酵成熟的火腿具有特殊的火腿香味），即为成品。将火腿切段后，用真空塑料膜包装，可防止脂肪氧化，延长保存期。

　　西式火腿选用去皮、去骨、去猪爪的猪腿肉，用注射腌制剂盐水的方法进行腌制。腌制剂通常含有食盐、砂糖、亚硝酸钠、磷酸盐、抗坏血酸钠或异抗坏血酸钠、水解植物蛋白和谷氨酸钠。腌制剂中添加磷酸盐可提高肉的持水性，从而提高成品率；并可螯合微量金属离子，延缓制品的腐败。三聚磷酸钠、六偏磷酸钠、焦亚磷酸钠等都可单独或混合使用，总用量在 0.5% 以内。添加抗坏血酸钠或异抗坏血酸钠可加速腌制过程，使火腿的红色更加稳定，并能防止或减少亚硝胺的形成，一般用量在 550 毫克 / 千克以内。高档西式火腿腌制剂中的加水量不超过鲜肉重的 30%；中、低档火腿腌制剂中的加水量可达 30% ～ 70%。然后揉滚腌制约 20 小时，加压成型脱水，装袋真空封口，杀菌、冷却后包装。包装容器采用镀锡薄钢板（俗称马口铁）或塑料袋。马口铁罐通常采用马蹄形，以高温、高压杀菌，成品能在常温下长期保存。塑料袋包装的火腿，采用巴氏灭菌，成品需在 0 ～ 4℃ 储藏。西式火腿可直接食用，肉质比较鲜嫩。

　　国际上生产的火腿人都是西式火腿。类似中国传统金华火腿式的火腿也有少数国家生产，如意大利和美国等。这种火腿不能直接食用，必须煮熟后方能食用，一般宜与其他食品一起炖煮后食用。

火腿肠

　　火腿肠是以鲜或冻畜肉、禽肉、鱼肉为主要原料，经腌制、搅拌、斩拌（或乳化）后灌入塑料肠衣，再经高温杀菌制成的肉类灌肠制品。产品特点为肉质细腻、携带方便、食用简单、货架期长。

火腿肠起源于日本和欧美。1986 年，中国生产出第一根火腿肠。从此，中原大地掀起了火腿肠的销售热潮，仅仅十几年的时间就发展成了中国肉制品市场的主导产业之一，年产量发展到 200 万吨左右。

按原料种类大致可将火腿肠分为猪肉类火腿肠（简称"火腿肠"）、鸡肉肠、鱼肉肠、牛肉肠和羊肉肠五大类。根据产品的加工工艺及原料在火腿肠中存在的形式，每种原料的火腿肠又可分成颗粒型（成品中原料肉以颗粒的形式存在）和乳化型（成品中原料肉以肉糜的形式均匀分布，一般无肉眼可见肉颗粒）两个子类。根据消费者消费水平的差异，每个子类的火腿肠依据产品本身档次的高低，又可分为高、中、低档产品，即特级火腿肠、优级火腿肠和普通级火腿肠。

火腿肠的加工工艺为：原料肉整理→绞碎→腌制→斩拌→混合→充填→杀菌→冷却→干燥→包装。

蒸煮火腿

蒸煮火腿是大块肉经整形修割（剔去骨、皮、脂肪和结缔组织）、盐水注射腌制、嫩化、滚揉、充填入粗直径的肠衣或模具中，再经熟制、烟熏（或不烟熏）、冷却等工艺制成的熟肉制品。又称盐水火腿。

蒸煮火腿包括方腿、圆腿等。其中，方腿呈长方形，是将大块肉装入特制的方形模具，经压模后熟制而成；圆腿呈圆形，是将大块或小块肉装入肠衣中，并成型煮制而成。

基本加工工艺为：原料选择→盐水注射→腌制滚揉→充填成型→蒸煮→整形冷却→脱模包装→贮藏。①原料选择。一般以猪后腿肉或背最长肌肉为原料，肉块上不得含有可见脂肪、结缔组织、血管、淋巴、筋腱等。多选用 pH 为 5.8 ～ 6.2 的肉作为原料，白肌肉和黑切肉不能作为火腿加工的原料。②盐水注射。采用多针头盐水注射机将配制好的腌制液按肉重的 20% 均匀地注射入肉块中。③腌制滚揉。将盐水注射后的肉块放入真空滚揉机进行滚揉 24 ～ 36 小时，滚揉温度为 2 ～ 4℃，真空度为 60 ～ 90 千帕。④充填成型。将肉料充填入不同规格的不锈钢模具，压制成型。温度控制在 10 ～ 12℃，装模充填应致密，无气泡。⑤蒸煮。模具分层交叉垛于平底烧煮锅内，放入清水，水面稍高于模具顶部。水温加热至 78 ～ 80℃ 后，保持 3 小时，至产品中心温度达 68℃。⑥整形冷却。整形的目的是将模具的压盖位置加以调整，防止产品变形，影响美观，同时略加压力，使产品内部结构更为紧密，有弹性，有良好的切片性、切面无密集气孔且没有直径大于 3 毫米的气孔。⑦脱模包装。整形后的火腿送入 2 ～ 5℃ 冷库继续冷却 12 ～ 15 小时，至产品中心温度与库温平衡即可脱模包装。⑧在 0 ～ 4℃ 冷藏库中冷藏。

蒸煮火腿

蒸煮火腿选料精良，加工工艺科学合理，采用低温巴氏杀菌，可保持原料肉的鲜香味，产品组织细嫩，色泽均匀鲜艳，口感良好。

干腌火腿

干腌火腿是以带骨猪后腿或前腿为主要原料，经修整、风干、成熟等主要工艺加工而成的风味生肉制品。

干腌火腿品种很多，金华火腿、如皋火腿和宣威火腿并称中国三大火腿，其中以金华火腿最为著名。世界上其他著名的干腌火腿大都出自地中海地区，主要有西班牙的伊比利亚火腿和索拉那火腿、意大利的帕尔马火腿和圣丹尼尔火腿、法国的巴约纳火腿和科西嘉火腿。美国的乡村火腿和德国的威斯特伐利亚火腿也有很高的知名度。

金华火腿起源于中国浙江金华地区，加工技术的形成历史已无从考证，最早的传说可追溯至唐代，据称"火腿"之名是南宋皇帝赵构所赐，已有近900年的历史。传说金华火腿与南宋民族英雄宗泽有关，至今不少金华火腿师傅仍供奉宗泽为祖师。金华火腿以"色、香、味、形"四绝著称于世，曾获1915年巴拿马国际商品博览会金奖，更是当今世界著名干腌火腿帕尔马火腿的祖先。

金华火腿

如皋火腿的生产始于清咸丰初年（1851），先后获檀香山博览会奖和南洋劝业会优异荣誉奖。宣威火腿始于明代，20世纪初，浦在廷等人集资兴办宣和火腿公司，引进机械设备制作火腿罐头，继而云南宣威浦在廷兄弟食品罐头有限公司成立，其产品于1923年参加广州等地赛会受到各界的好评。孙中山先生为其题词"饮和食德"，从此产品声名远扬，远销新加坡等地。

干腌火腿的加工工艺大同小异，不同品种的主要区别在于原料、腌制剂成分及加工技术参数各有特色。著名的干腌火腿传统上大都有其独特的猪种要求，如金华火腿以金华"两头乌"猪后腿为原料，宣威火腿以乌金猪后腿为原料，伊比利亚火腿以伊比利亚猪后腿为原料等；但随着生产量的扩大，除原产地保护的传统产品外，许多干腌火腿开始使用其他猪后腿进行加工。在腌制剂方面，中国传统干腌火腿一般都仅用食盐腌制，现多数在食盐中混合少量硝酸盐。帕尔马火腿加工技术源于中国金华火腿，通常仅用食盐腌制，但其他欧洲干腌火腿腌制时，食盐中一般添加硝酸盐、葡萄糖等物质，南欧干腌火腿加工还普遍使用胡椒，而北欧则通常要经过烟熏处理。各种干腌火腿的共同特点是在气候较为温和的山区或丘陵地区经过长时间的成熟过程，形成独特的风味。成熟时间较长者如伊比利亚火腿可达24个月，成熟时间较短者如宣

干腌火腿

威火腿为 4 ～ 6 个月。火腿的风味除受原料和腌制剂影响外,主要取决于成熟温度和时间,成熟温度越高、时间越长,则火腿的风味越强烈。

中式火腿

中式火腿是带皮、骨、爪的鲜猪后腿,经腌制、洗晒或风干、发酵等工艺制成的具有独特风味的生肉制品。中国著名的传统腌腊猪肉制品。

中式火腿大致分为三大类,即长江以南地区的南火腿、长江以北地区的北火腿和云贵川地区的云火腿。根据产地可将其分为:浙江省的金华火腿、浙江火腿,江西省安福县的安福火腿,江苏省如皋市的如皋火腿,云南省宣威市的宣威火腿、鹤庆县的鹤庆圆火腿,四川省冕宁县的冕宁火腿、达州市达川区的达县火腿,湖北省的恩施火腿,贵州省威宁地区的威宁火腿等。根据成品外形,可将其分为竹叶形的竹叶火腿、琵琶形的琵琶火腿、圆形的圆火腿和方盘形的盘火腿。根据加工腌制的季节,可将其分为腌制于初冬的早冬火腿、腌制于隆冬季节的正冬火腿、腌制于立春以后的早春火腿、腌制于春分以后的晚春火腿,其中以正冬火腿品质为最佳。

各地的中式火腿腌制剂配料和加工方法因地方风味、气候条件而各有区别,但生产工序基本相同,均需经过选料、修整、腌制、浸洗、整形、晒腿、发酵 7 个工序。

中式火腿特点是皮薄肉嫩,肉质红白鲜艳,肌肉呈玫瑰红色,具有独特的腌制风味,虽肥瘦兼具,但食而不腻,易于保藏。

金华火腿

金华火腿是在地理标志保护范围内，以金华猪及以母本杂交得到的商品猪后腿为原料，采用传统工艺加工而成，形似竹叶、爪小骨细、肉质细腻、皮薄黄亮、肉色似火、香郁味美的十腌火腿。又称火瞳。

金华火腿是浙江金华地方传统名产之一。具有俏丽的外形、鲜艳的颜色、独特的芳香、悦人的风味，以色、香、味、形"四绝"而著称，是中国传统特色肉制品的精华。

◆ 历史

金华火腿始于唐代，盛于宋代。其腌制、加工方法也流传了上千年，被称为"世界火腿之冠"。1915年在巴拿马国际商品博览会上荣获商品金奖。1929年在杭州西湖博览会上又获商品质量特别奖。金华火腿生产不断发展壮大，金华、衢州两地火腿生产企业最多时有300多家，年产火腿近800万只。

◆ 生产工艺

正宗金华火腿选用的原料是金华"两头乌"猪的后腿，整个生产周期从立冬开始至次年立秋成熟，前后共需9～10个月，其间随气候和季节的变化来调整生产工序和时间。整个过程必须严格按低温腌制、中温脱水、高温发酵的要求进行。

生产工艺主要包括：①原料的选择（选腿）。选择鲜腿是腌制火腿过程中重要的一环。5～7.5千克，平均6.25千克的鲜腿最为适宜；皮厚2毫米左右最佳；肌肉鲜红，肉质柔软，皮色白润，肥膘需薄；以脚爪纤细，小腿细长者为佳。②修腿。使猪腿成为整齐的柳叶形。③腌制。腌制时需上盐6～7次。以5千克重鲜腿为例，第1次上盐俗称上小盐，即在肉面上撒上一层薄薄的食盐，每5千克的鲜腿约用盐10克。上小盐后，将腿整齐堆叠，一般正常气候下可堆叠12～14层，天气越冷应堆叠越高。第2次上盐又称上大盐，即在上小盐的翌日作第2次翻腿上盐。经2次上盐后，过6天左右再行第3次上盐。第3次上盐后，再过7天左右进行第4次上盐。复5盐，复6盐，这两次上盐的间隔时间也都是7天左右。④洗晒及整形。使腿皮呈黄色或淡黄色，皮下脂肪洁白，肌肉呈紫色，腿面各处平整，内外坚实，表面油润即可。⑤晾挂、发酵。火腿经洗晒后，虽然表面及浅层大部分水分已经蒸发，但在肌肉的深厚处还没有达到足够的干燥程度，必须经过晾挂发酵过程，一方面使水分继续蒸发，另一方面使肌肉中的蛋白质、脂肪等发酵分解，肉味、香气更为浓郁。火腿的发酵时间一般为2～3个月。经晾挂发酵后水分逐渐蒸发，腿身逐渐干燥，肌肉收缩，腿骨外露，必须再经修整，俗称修燥刀。修整前先刷去绿色霉菌，再进行劈骨修肉，即修平耻骨，修整股关节，修平坐骨，并修整腿皮。修整的标准为腿正直，两旁均匀，使腿身呈橄榄形。经修整后的火腿，撒上白色糠灰后依次上挂，继续发酵。⑥落架和堆登。经过修整和发酵后的火腿，根据干燥程度分批落架。落架时先刷去糠灰，再按照腿的大小分别堆叠在腿床上，每堆高度不超过15只，腿肉向上，腿皮向下。每隔5～7日上下调换一次，检查有无虫害，并用火腿滴下的原油涂抹腿面，使腿质滋润，此时即成新腿；如堆登过夏就称为陈腿，风味更好。过夏后，火腿重量约为鲜腿重量的 70%。

中国除浙江外，江苏、云南、贵州、湖北和江西等省也生产干腌火腿，其生产工艺和产品的风味品质也与金华火腿相似。但金华火腿占全国 75% 的干腌火腿市场份额，是中国品质最好、影响最大的干腌火腿品种。

金华火腿经晾挂、发酵及堆藏以后，即可按照等级标准分为特级、一级、二级 3 个等级。

宣威火腿

宣威火腿是以在地理标志产品范围内饲养的含有乌金猪血统的鲜猪后腿为原料，在地理标志产品范围内采用传统工艺加工制成，具有三签倾向、肉色嫣红、香气浓郁的制品及其初加工产品。

宣威火腿是云南省著名地方特产之一，因产于宣威市而得名。宣威火腿已有数百年历史。20 世纪初，宣威火腿即行销国内，并在巴拿马国际食品博览会上获得金奖。宣威火腿具有鲜、酥、脆、嫩、香甜等特点，以营养丰富，肉质滋嫩，油而不腻，香味浓郁，咸香回甜著称。经昆明医学院鉴定，宣威火腿香气成分包含 43 种芳香化合物，包括烃类 7 个、醛类 15 个、酮类 2 个、醇及酚类 7 个、脂类 6 个、呋喃类 4 个、其他 2 个。据北京营养研究所及云南省科学院测试中心营养阮分析报告和测试分析结果表明，宣威火腿内含 19 种氨基酸（包括 8 种人体不能合成的必需氨基酸）、11 种维生素、9 种微量元素。

宣威火腿分为原腿、精腿、分割腿。原腿按香气、腿心肌肉饱满程度、胯边大小、肥膘厚度、腿脚粗细等差异分为优级品、一级品、合格品。精腿分为优级品和一级品。分割腿应用优极品、一级品原腿加工。分割腿又分为块状、片状、丁状、丝状火腿。

当年霜降到次年立春是腌制的最佳时间，从腌制到发酵成熟一般不少于10个月。

宣威火腿与众不同的原因在于：①风味独特，色香味美，营养丰富。②宣威一带地理气候环境独特，山地气候寒凉，适宜腌腊肉类，尤其每年霜降到次年立春之前，是制作火腿的最佳季节。宣威火腿在其他地区不能生产加工，属于受地域、地理气候条件限制的原产地域产品。③腌制时只用食用盐，不加任何食品添加剂，理化指标优于国标，特别是亚硝酸盐含量低。④宣威火腿加工工艺独特，传统加工工艺主要包括鲜腿修割定型、上盐腌制、堆码翻压、洗晒整形、上挂风干、发酵管理6个环节。具体流程为鲜腿修割定型→腌制→堆码翻压→洗晒整形→上挂风干→发酵成熟→加工→包装。

如皋火腿

如皋火腿是以如皋、海安一带饲养的尖头细脚、薄皮嫩肉的优种生猪肉为原料，经腌制、洗晒、晾挂等工艺制成的生肉制品，薄皮爪细，形如琵琶，色红似火，风味独特。产于江苏省如皋市，与浙江金华火腿、云南宣威火腿齐名，为全国三大名腿之一。因如皋位置在北，故称北腿。

如皋火腿的生产始于清咸丰初年（1851），清末先后获檀香山博览会奖和南洋劝业会优异荣誉奖状。

如皋火腿一般在霜降至立春之间开始加工。初冬加工者为早冬腿；

隆冬季节开始加工者为正冬腿；立春以后开始加工者为早春腿；春分以后开始加工者为晚春腿。

如皋火腿精选猪腿，择其重量和长度恰当、腿心肌肉丰满者，再经多道工序精细加工制成。工艺流程包括：①腌制。共分4次上盐，第1次为小盐，每50千克鲜腿用1.5千克盐，主要目的是将肉中的血排出；第2天上第2次盐，称大盐，上盐量为50千克鲜腿上3.5千克盐，并加入硝石，然后堆码起来；过8天左右上第3次盐，用盐量比第2次略少；第4次上盐时间为第3次上盐之后的22天，用盐量更少，上盐后可堆成散堆，每隔6～7天翻一次。②洗晒。腌制34～40天后，将火腿在水中洗刷两次，并刮皮、刮毛，然后晒6～7天，使其腿尖翘起，表皮干燥。③晾挂。洗晒后将火腿放在室内晾挂，火腿逐渐干燥，并产生香味。火腿干透后应涂棉籽油，以防回潮。到重阳节前，取下火腿并堆叠起来，以防止油脂外溢，促使肉质变嫩，并在1个月左右进行一次翻堆。如皋火腿在干燥处可保存2年以上。

西式火腿

西式火腿是以畜、禽肉为原料，经剔骨、选料、精选、切块、盐水注射腌制后加入辅料，再经滚揉、填充、蒸煮、烟熏（或不烟熏）、冷却等工艺，采用低温杀菌、低温贮运的盐水火腿。

西式火腿种类较多，包括带骨火腿、去骨火腿、成型火腿、盐水火腿等。①带骨火腿。整只带骨猪后腿盐腌后加以烟熏制成的半成品。盐腌和烟熏可增加其保藏性，同时赋予其香味。②去骨火腿。用猪后大腿整形、腌制、去骨、包扎成型后，再经烟熏、水煮制成。又称去骨成卷火腿、去骨熟火腿。③成型火腿。用猪肉或其他畜肉、禽肉、鱼肉，经腌制后加入辅料，装入包装袋或容器中压制成型并水煮后制成。根据形状又可分为圆火腿、方火腿、长火腿、短火腿等。④盐水火腿。经原料选择与整理，盐水配制，注射嫩化、滚揉腌制，充填灌装，蒸煮和冷却等工序加工而成。属于高水分低温肉制品。嫩化工艺赋予其高保水性，故加工出品率高，产品柔嫩多汁。

西式火腿产品色泽鲜艳、口味鲜美、柔嫩、多汁、营养卫生、出品率高，多可以直接食用，适合机械化生产。

德式盐水火腿

德式盐水火腿是以鸡肉、猪肉为主要原料，经盐水注射、滚揉、切丁、混合搅拌、灌制、蒸煮、干燥等工序加工制成的熟肉制品。德式盐水火腿是低温肉制品，具有鲜美可口、柔嫩多汁、清香、营养丰富等特点。

其加工流程包括以下几个步骤。

①原料肉的选择。选择适宜的原料肉是保证盐水火腿质量的首要因素，对于高档产品应以100%猪后腿肉为原料，并经充分冷却、排酸，肉温控制在2℃，pH5.8 ～ 6.4（以臀肉上部浅层测定值为准）。

②原料肉的处理。将肉块上所有可见脂肪、结缔组织、血管、淋巴、筋腱等修除干净，再切成厚度不大于10cm，重约在250g的块，以使肉块增大表面积，利于肉可溶蛋白质的抽提。

③盐水配制。盐水配制的3个要点：一是根据产品类型及出品率要

求准确计算盐水中各加剂量；二是保证各添加料充分溶于水中；三是控制盐水在较低温度。

④注射和嫩化。盐水注射时应随时保持清洁，且注射针管锋利。

⑤揉滚。肉块装入滚揉桶时，肉量应控制在滚揉机有效容量的 1/3 左右，可保证肉的有效按摩。

⑥腌制。滚揉后肉块装入容器，加盖后移入冷室，在 2～4℃ 腌制 12h 静置过夜即可。

⑦充填灌装。腌制后肉块可采用肠衣、收缩膜或金属模具充填灌装。

⑧蒸煮。对于出品率低（例如，小于 115℃）的产品，热加工至中心温度达 68℃ 即可。而出品率较高的产品，需加热至中心温度 72℃。

⑨冷却。盐水火腿蒸煮后应尽快冷却，使中心温度降至 28℃，迅速越过 30～40℃ 这一微生物具极强生长势能的温度范围，以保证产品可贮性。

⑩加工控制与优化。在盐水火腿加工中，栅栏防腐保质技术和关键危害点控制管理法（IIACCP）得到广泛应用。特别是 IIACCP 的管理法，已推广到监控与产品质量相关的各个方面，不仅包括产品的卫生安全性，而且也包括产品的感官质量、理化及营养特性、货架寿命等。

意大利熏腿

意大利熏腿是以猪后腿为原料，经腌制、发酵、熏制等工艺制成的干腌火腿。

意大利熏腿以艾米利亚－罗马涅区帕尔马省产品最为正宗。制作工艺流程为：原料选购→修整→腌制→漂洗晾晒→熏制落架→包装→成品。

①原料选购及修整。选择饲养在意大利北部，养足 9 个月，体重约 160 千克的猪来制作熏腿。修割掉可能影响产品形象的末端部分（足部）和任何外部缺陷，并修成"鸡大腿"的形状。

②腌制。用盐量为腿重的 3.5%。上完盐的猪腿放置于架子上送入腌制冷库，冷库温度 2 ～ 5℃，湿度 75% ～ 85%，以利于盐溶化并渗入肉中。意大利人喜欢在腿肉外露的部分涂上经猪油、盐、米粉，以及胡椒混合而成的脂肪泥，不仅可防止火腿干硬，还可防蚊虫。将前一阶段腌制的猪腿取出，清水洗去表面盐分，再次上盐，上盐量为猪腿重量的 2.5%，在相同条件下进行腌制。

③腌好的猪腿取出清洗晾干水分，将晾好的猪腿放入熏房，保持一定距离，然后熏制。熏制温度控制在 60 ～ 70℃，待 4 ～ 8 天，肉表面呈金黄色或黄褐色即可包装成品。

意大利熏腿营养美味，瘦肉红亮、脂肪雪白、肥瘦相间、大理石纹明显、晶莹剔透。与西班牙火腿相比，意大利火腿柔软，以无骨居多，口味以酱香为主，更加浓郁。

意大利熏腿

压缩方火腿

压缩方火腿是以猪后腿肉为原料加工而成的、成品呈长方形的成型火腿。又称压缩火腿。

生产工艺流程包括原料选择、去骨修整、盐水注射、腌制、滚揉、充填成型、加热蒸煮、冷却和包装储藏等。①原料选择。选用猪后腿（每只约 6 千克），不得使用配种猪、黄膘猪、二次冷冻和质量欠佳的腿肉。②去骨修整。原料肉 2～5℃ 排酸 24 小时，去皮和脂肪，修去筋腱、血斑、软骨和骨衣。剔骨过程中避免损伤肌肉。为了增加风味，可保留 10%～15% 的脂肪。操作过程中温度不宜超过 10℃。③盐水注射。盐水配方为：食盐 2.5%，亚硝酸钠 0.015%，异抗坏血酸钠 0.06%，多聚磷酸钠 0.1%，焦磷酸钠 0.2%，白砂糖 0.8%，水 5%。用盐水注射机向原料肉中注射盐水。盐水中的磷酸盐可增加离子强度，使原料肉中非溶解状态的蛋白质变成溶解状态的蛋白质（肌球蛋白），增加肉的持水性和蛋白结合性。④腌制。4℃ 冷库中腌制 8 小时左右。⑤滚揉。配料比例食盐 0.1%，大豆蛋白 1.5%～3%，淀粉 5%～8%。腌制后的肉块少部分斩拌为肉糜，大部分放入真空滚揉机进行滚揉，这是火腿加工的一个关键步骤。淀粉是肉类工业良好的增稠剂和赋形剂。它可以改善肉制品的物理性质，起到黏结和保水作用。大豆蛋白既能起到很好的乳化作用，还能改善肉的质地。在 5℃ 条件下，采用间歇式滚揉的方法，每滚 20 分钟停 10 分钟。⑥充填成型。充填间温度控制在 10～12℃。充填时模具内应留有余地，以便称量检查时添补。在装填时把肥肉包在外面，以防影响成品质量。⑦加热蒸煮。温度控制在 75～78℃，中心温度达

60℃时保持 30 分钟。⑧冷却和包装储藏。蒸煮结束后将产品放入冷却池，由循环水冷却至室温，然后在 2℃冷却间冷却至中心温度 4 ～ 6℃，即可脱模，包装，在 0 ～ 4℃冷藏库中储藏。

炸酥肉

炸酥肉是以猪里脊肉、面粉、鸡蛋为主要原料制成的油炸食品。所需原料为猪里脊、面粉、鸡蛋、姜、盐、生抽、料酒和五香粉。

制作步骤可分为以下几步。①猪里脊肉切成条状，用姜末、盐、生抽、料酒、五香粉腌制。②鸡蛋打匀和入淀粉成糊状，将腌制好的猪里脊肉放入面糊中拌匀。③锅中倒入适量油，放入猪肉小火煎炸。④炸至定型后控油盛出，然后再放入油锅中复炸一次，至金黄酥脆时捞出。

猪里脊肉切好后先加调味料腌制，有助于去除腥味，还可提升炸酥肉的口感。猪里脊表面挂一层蛋液和淀粉混合调成的糊，经过炸制会在猪肉表面形成薄脆，口感更加酥脆，且不易回软。炸酥肉油温过低容易吸油，油温过高则容易糊，一般将油温控制在七成热，即筷子插入微微冒泡的状态最为合适。酥肉炸好出锅后再复炸一遍，口感更加酥脆。

炸酥肉制作简单，色泽金黄，口感酥脆，可根据个人喜好撒上调料，既可作为一道菜肴也可当作零食小吃。

炸酥肉

烤羊肉串

烤羊肉串是中国维吾尔族传统风味小吃。维吾尔语称"喀瓦甫"。原流行于新疆等地，现已风靡全国。

将羊肉穿串烤食古已有之。据史料记载，古人有"炙"肉、"燔"肉的嗜好。湖南长沙西汉马王堆汉墓1号墓出土的遣策中，就有"牛炙""鹿炙""鸡炙"等烤动物肉的资料。山东临沂出土的东汉画像石中，曾见两方烤肉串的图像。经研究，图像中人物皆为汉人形象，烤肉的工序、工具等，与现代烤羊肉串有相似之处。

制法是将羊肉切成小块，肥瘦相间，用铁签子或竹签子串起，每串5～7块不等，放在特制的木炭烤槽上用扇子扇火熏烤，同时不断加上盐、辣椒、孜然等调料，烤到八分熟便可食用。其味微辣，不腻不膻，嫩而可口。

涮羊肉

涮羊肉是中国北方以羊肉为土料的火锅食品。又称羊肉火锅。为汉族、回族、满族等民族的传统菜肴。流行于北京、天津、河北等地。

涮羊肉源于中国北方少数民族地区，17世纪中叶成为清宫冬令佳肴，清宫早期膳单上所记的"羊肉片火锅"就是涮羊肉。后流传至市肆，由清真馆经营。徐凌霄在《旧都百话》中记："羊肉锅子，为岁寒时最普通之美味，须于羊肉馆食之。"

涮羊肉所用火锅，设计非常科学，中有烟道，下燃木炭，既可涮肉，又可取暖，最适合在北方寒冷地区使用。涮羊肉具有配料全、调味品多样、鲜嫩醇香的特点。羊肉选料以内蒙古集宁阉过的小尾绵羊为最佳，把羊体最嫩的部位冷冻后切成薄片，入火锅经沸水一涮便可食用。还可将粉丝、白菜、冻豆腐等一同入锅涮食。用以蘸食的作料由芝麻酱、腐乳汁、香菜、韭菜花、料酒、卤虾油、辣椒油、酱油、糖蒜等配成。涮羊肉原为秋冬季常用食品，现今在市上四季可见。北京东来顺羊肉馆的涮羊肉最为有名。

生食水产品

生食水产品是经过清洗、整理，或经腌制或醉制等加工工艺，未经加热煮制即可直接进食的鲜活或冷冻鱼类、甲壳类、贝壳类、腔肠类和头足类等动物性食品的统称。

◆ 种类

市场上的生食水产品主要有生鱼片、生食贝类和生食虾蟹三类。生鱼片主要有金枪鱼、三文鱼、鲈鱼、黑鱼等，其中蓝鳍金枪鱼因其肉质鲜美细腻，油脂丰厚，富含 ω-3 多不饱和脂肪酸二十二碳六烯酸（DHA）和二十碳五烯酸（EPA），是制作生鱼片的高级原料。生食贝类主要指双壳纲（贝类）或腹足纲（螺类）的水产动物，其常见的生食种类有魁蚶（赤贝）、毛蚶、泥蚶、牡蛎和蝾螺等，具有高蛋白、低脂肪，以及丰富的钙、磷、铁、锌、维生素 B、烟酸等营养特点。生食虾蟹指直接食用的虾蟹类水产品，常见的生食虾类主要包括河虾、白虾、沼虾、凡纳滨对虾、草虾、基围虾、龙虾等；生食蟹类主要包括青蟹、梭子蟹、雪蟹（蜘蛛蟹）、帝王蟹、石蟹、中华绒螯蟹、蟛蜞等。

◆ 加工与食用方法

生食水产品的种类繁多，不同地区生食水产品种类有所不同，加工与食用方法也不同。生食水产品的典型加工与食用方法为：①盐腌后生食。将新鲜（或鲜活）的水产品加入适量食盐，放置一定时间后食用，如咸梭子蟹、咸蟛蜞等。②盐腌和醉制。将新鲜或鲜活水产品除加入适量食盐外，再加入酒、食糖、食醋、味精等调味品，放置一定时间后食用，如醉蟹、醉螺等。③盐腌和矾制。捕获的新鲜海蜇有毒，必须用食盐加明矾一起腌制，以盐矾腌渍三次且去毒和去水较好的海蜇（俗称三矾）视为上乘，佐以调味料即可食用，如凉拌海蜇等。④盐腌和发酵。将加入适量食盐的新鲜水产品经过发酵后食用，如虾酱、温州鱼生等。⑤酒炝。将鲜活水产品在食用前洗净，加入白酒、食糖、食醋、酱油、生姜等调味品，待数分钟后食用，如炝虾等。⑥不经腌、醉，在食用时用调味品蘸食。有些贝类，如牡蛎、毛蚶等洗净、剥壳即可蘸取酱油、食醋食用；有些鱼类，如三文鱼只需剥皮、切片即可蘸取芥末食用。

◆ 风险

生食水产品营养丰富、滋味鲜美，并可最大限度保留食材的天然属性，包括感官特性、热敏性营养素和内源性酶系、水溶性和功能活性成分等，但无法享用热加工产生的特殊风味。同时，易遭受生物性因素引发的食源性疾病的安全危害。生食水产品可能引发的生物性危害具体可分为：①寄生虫。可引发人类疾病，常涉及的有线虫、绦虫和吸虫。鱼能被原生动物寄生感染，但没有鱼类感染原生动物疾病传播给人类的记录。②病毒。从被人类或动物粪便污染的沿海水域中捕获的贝类，可能含有对人体致病的病毒。③细菌。捕获时的鱼的污染程度取决于捕获时的环境及捕获时鱼所存在水体中的细菌学状况。捕获时细菌一般存在于鱼的皮肤、鳃及肠胃中。

在捕获时造成产品污染并对公众健康有安全隐患的微生物有两大类：一类是通常或偶然存在于水环境中的自然微生物菌群，有嗜水性单孢菌、肉毒梭菌、副溶血弧菌、霍乱弧菌、创伤弧菌、单核细胞增生性李斯特氏菌；另一类是通过生活或工业废物造成的环境污染产生的非自然微生物菌群，包括肠道杆菌，如沙门氏菌属、志贺氏菌属、大肠埃希氏菌。其他可从鱼体中分离出来的、能引起食物源疾病的种类有迟钝爱德华氏菌、类志贺邻单胞菌、小肠结核炎耶尔森氏菌，也有金黄色葡萄球菌出现。弧菌是海岸及河口环境中的常见菌，水产品捕获后迅速冷冻可降低这些生物增殖的可能，从而降低健康风险。副溶血性弧菌的一些菌株有致病性，能够产生耐热毒性。

生食贝类

生食贝类是食用前洗净、去壳，且未经热处理即可直接或蘸调味料食用的双壳纲（贝类）或腹足纲（螺类）水产动物的统称。

常见的生食贝、螺类有毛蚶、泥蚶、魁蚶（赤贝）、牡蛎和蝾螺等，具有高蛋白、低脂肪及丰富的钙、磷、铁、锌和维生素B、烟酸等营养特点。尤其是魁蚶，含有能抑制胆固醇在肝脏中合成和加速胆固醇排泄的独特成分，其功效甚至比常用降胆固醇的药物谷固醇强。扇贝营养价值高，含丰富的不饱和脂肪酸二十二碳六烯酸（DHA）和二十碳五烯

毛蚶

泥蚶

魁蚶

牡蛎

酸（EPA）。鲍鱼肉含有丰富的球蛋白，肉中含有一种被称为"鲍素"的成分，能够破坏癌细胞必需的代谢物质。牡蛎肉营养丰富，素有"海底牛奶"之美称。

但由于近海养殖的生食贝类产品的过滤和吸附能力较强，且食用前未经过热加工处理，因此食用时也可对人体健康造成危害。主要危害因素为：①环境化学污染物，如重金属和农药残留等。②致病菌，如副溶血和霍乱弧菌等。③寄生虫，如华支睾吸虫、异尖线虫、广州管圆线虫等。④贝类毒素，如麻痹性贝类毒素（PSP）、腹泻性贝类毒素（DSP）、神经性贝类毒素（NSP）和健忘性贝类毒素（ASP）等；或螺毒素，如织纹螺的河鲀毒素（TTX）、石房蛤毒素（STX）；接缝香螺、间肋香螺和油螺等的唾液腺神经毒素——四甲胺。⑤病毒，大多是从被人类或动物粪便污染的沿海水域中捕获的贝类所携带的。所有源于海产品的病毒引发的疾病都是通过粪—口途径传播的，大多数胃肠炎的发作与食用被污染的贝类尤其是生牡蛎有关。相关的肠道病毒是甲肝病毒、小杯病毒、星形病毒和诺沃克病毒。

蝾螺

通常病毒是比较专一的种类，不能在食品或寄主细胞以外的任何地方生长或繁殖。没有可靠的标记可以指示贝类养殖水域存在病毒。源于海产品的病毒检测困难，需要相关的分子学方法。

贝类食用前可先净化处理，但对贝类来说，通过自身净化清除病毒污染要比清除细菌污染的时间长；热处理可以破坏贝类中的病毒（85～90℃，1.5分钟）。食用时辅以酱油、醋、酒、芥末等调味料，也可以起到一定杀灭病原微生物的作用。

生鱼片

生鱼片是鱼类肌肉组织切成片、条、块等形状，蘸上酱油和芥末等佐料后可直接生食的食物总称。广义还包括头足类的乌贼、章鱼以及甲壳类的虾、蟹、贝类、海胆等海产品。切片、条、块后蘸料可直接生食食物。又称鱼生，中国古称鱼脍、脍、鲙，日语中称刺身。最常用的材料是鱼，且多数是海鱼。

生鱼片起源于中国，有着悠久的历史。后传至日本、朝鲜半岛等地。现已成为出名的日本料理之一。早在先秦时期（约公元前21世纪～前

221 年）中国就有食用生鱼片的记载。先秦时期的文学作品《诗经·小雅·六月》载："饮御诸友，炰鳖脍鲤。"其中，"脍鲤"就是切成薄片的鲤鱼肉。因做脍的原料以鱼为多，所以"脍"又写作"鲙"。近现代中国北方赫哲族的一些村落仍然有吃生鱼片的传统，而南方某些汉族聚居区亦留有吃生鱼片的习俗。

金枪鱼在国际上享有"刺身之王"的美誉。金枪鱼又叫鲔鱼，华人世界又称为"吞拿鱼"。蓝鳍金枪鱼的大腹、中腹肉质鲜美细腻，油脂丰厚，且 ω-3 多不饱和脂肪酸二十二碳六烯酸（DHA）和二十碳五烯酸（EPA）含量居各种食物之首，是制作生鱼片的高级原料。2013 年 1 月 5 日，在日本东京筑地水产市场，1 条重 222 千克的蓝鳍金枪鱼以 1.55 亿日元（约合人民币 1000 万元）价格成交，创造了当时的历史纪录。

除富含高度多不饱和脂肪酸外，生鱼片还拥有较高的蛋白质消化利用率（83% ～ 90% 的鱼肉蛋白可为人体吸收，而禽肉仅为 75%）和较快的蛋白质消化速率（鱼肉在胃中消化需 2 ～ 3 个小时，而牛肉需 5 个小时），且其没有经过传统的炒、炸、蒸等烹饪方法处理，营养成分流失极少，最大程度上保留了水产品原有的优良风味。

虽然营养价值高、风味好，但生鱼片在食用时也存在一定的风险，其中最大的生物性危害是食源性寄生虫，特别是异尖线虫在海水鱼中普遍存在，威胁人体健康。因此，美国和欧洲等一些国家已出台了针对性的食品安全法规，规定鱼肉必须预先处理以杀死异尖线虫的幼虫；为保持鱼肉的食用价值，截至 2017 年仍然以冷冻法为主要杀死异尖线虫的方法。美国食品药品监督管理局（FDA）规定鱼肉必须在 -35℃ 冷冻

15 个小时或在 -20℃ 冷冻 7 天后才能食用，而欧盟的标准则是 -20℃ 冷冻超过 24 小时。虽然冷冻方法能够有效地抑制异尖线虫病的发生率，但是，日本出于对鱼肉"新鲜口感"的极度追求，并没有强制规定采用冷冻法处理鱼肉的要求，致使异尖线虫病感染案例较多。另外，华支睾吸虫（肝吸虫）是淡水鱼中常见的寄生虫，华支睾吸虫进入人体后可寄生于胆囊内，会引起胆囊发炎和胆道堵塞，从而使肝细胞坏死，诱发肝硬化和肝癌。

生鱼片拼盘

三文鱼生鱼片

虽然消费者在食用生鱼片时通常辅以酱油、食醋、芥末等调味料，但并不能完全起到杀灭寄生虫的作用，因此选用污染度小、新鲜度高的原料并在食用前对其进行冷冻处理，才可能最大程度上保障生鱼片的食用安全性。

生鲜冷冻品

生鲜冷冻品是经清洗、修整、切割、分级、包装等初级加工，速冻后并在 -18℃ 下贮藏的未经烹调处理的生制水产品。其可食率接近

100%，并达可直接烹食或生食的卫生要求。

生鲜冷冻品包括：冷冻的全鱼、鱼块和鱼片；去壳的虾、蟹、贝肉冻品。生鲜冷冻品不包括：①拌粉鱼条、拌粉虾、加料鱼片和鱼球等的冷冻挂浆制品；②鱼丸、鱼糕和模拟蟹肉等的冷冻鱼糜制品；③醉泥螺、炝蟹和腌渍鱼干等的预制水产品（半成品）；④熟干、熏烤处理的熟制水产品（可直接食用）等。

◆ 冻全鱼

将新鲜全鱼经简单预处理后进行快速冻结并在 -18℃ 以下贮藏流通的水产品。制作冻全鱼时原料最好选用鲜活鱼或经冰鲜或冷却水保鲜且新鲜度较高的鱼。要求鱼体色泽正常，眼球平坦明亮，鱼鳃呈淡红色或深红色，鱼肉组织有弹性，鱼体局部允许充血，不得油黄和干枯，鱼体完整，允许有不明显影响外观的轻微机械伤，腹部损伤不得透膛，鱼鳍可稍有残缺。同时，为防止出现鱼体破

冻全鱼

肚或内脏酶系作用或肌肉滋味变苦的现象，最好在冻结前去进行除内脏及洗净工序。冻全鱼的加工工序如下：原料→清洗→去内脏→洗净→称量→包装→平板冻结→脱盘→成品。

◆ 冻鱼块

低温冻结的去内脏分割的鱼块。也称冻鱼段。一般选择体形较大的

鱼类加工成冻鱼块。冻鱼块的加工工序如下：原料→清洗→前处理（去头、尾、鳞、鳍、内脏）→切块（段）→清洗→称量→包装→（平板或隧道式）快速冻结→脱盘（包装）→金属探测→冻品贮藏。

◆ **冻鱼片**

低温冻结的整形去刺鱼

冷冻三文鱼块

片。中国加工的冻鱼片主要是马面鱼、鳕鱼、罗非鱼、草鱼、黑鱼等的鱼片。其他国家的大量产品是鳕、鲽鲽、鲇等体形较大的白色肉鱼类的鱼片，有些带皮。冻鱼片的加工工序如下：原料→冲洗→前处理（去头、尾、鳞、鳍、内脏）→洗净→剖片（沿脊椎两侧）→整形→去刺→清洗→浸盐水（10%左右食盐水）→称量→包装→（平板或隧道式）快速冻结→脱盘（包装）→金属探测→冻品贮藏。

冻鱼片

生鲜冷冻品贮藏过程中能够较大程度地保持生鲜水产品原有的营养成分、色泽和风味，解冻后营养成分流失少，食用方便卫生。此外，生鲜冷冻品加工工艺简单，易于生产（有速冻设备即可），可以达到调节季节性水产品供需平衡的目的。

熏制水产品

熏制水产品是以鱼、虾、贝、头足等水产品为原料，经腌渍、烟熏等工艺加工而成的水产制品。

常用的熏制水产品原料有鲱、鳕、鲽、鲑、鳟、鲟、鲤、罗非鱼等多种鱼类及乌贼、鱿鱼、章鱼、扇贝等软体动物类。脂肪含量过高或过低的原料都不适于生产烟熏制品。特别是脂肪含量过高，不仅会引起干燥困难，贮藏性差，而且易使熏烟成分与油一起流失，发生油脂氧化，肉面发黄油耗。脂肪太少，味道差，熏烟的香气味难以吸附，鱼体过硬，外观差，成品率低，此种原料不宜用作冷熏加工。适宜的原料脂肪含量为：冷熏 7% ～ 10%，温熏 10% ～ 15%。熏制水产品除直接食用产品或短期保藏食用类外，还有诸多加工成罐头产品形式，如油浸烟熏秋刀鱼、油浸烟熏长鳍金枪鱼、油浸液熏鳕鱼、油浸液熏章鱼、油浸液熏沙丁鱼、油浸液熏牡蛎等。

烟熏三文鱼以其细腻的肉质、香味浓郁而受青睐。由于挪威大量海捕和养殖三文鱼，因此在烟熏三文鱼方面所做的研究也比较多。冰岛、挪威、芬兰的学者联合对不同烟熏工艺，如盐的浓度、烟熏方法、冻结与解冻对三文鱼的组织、微结构、得率的影响进行研究。实验表明冻结会导致肌纤维收缩，细胞外空间增加，汁液泄漏影响

烟熏三文鱼

烟熏鱼片的肌肉组织结构，但并不影响烟熏鱼片最后的得率。由于干腌过程中肌纤维收缩比盐水腌渍更大，因此其纤维更小。除烟熏三文鱼，市面上常见的熏制水产品还有烟熏鲱鱼、烟熏鲐鱼、烟熏鳕鱼、烟熏鲑鱼和烟熏鱿鱼等。

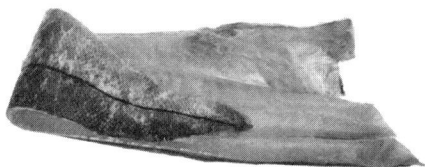

烟熏鳕鱼

在烟熏过程中，由于加热及醛类、酸类和酚类的作用，使食品表面的蛋白质发生变性，形成一层蛋白变性膜，此膜具有防腐作用，能防止再污染微生物进入制品内部。在烟熏的高温、高湿条件下，肉料自身的消化酶被活化，使肉质软化。熏烟中存在酚类等物质，烟熏后的食品具有独特的风味。熏烟中的羰基化合物与肉料中的游离氨基酸化合，形成褐色的糖醛化合物，使熏制品的外观呈现出很深的红褐色。

烟熏鲑鱼

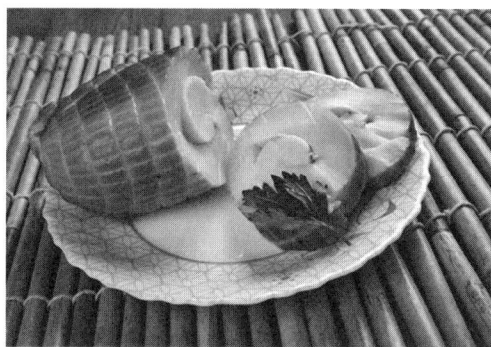

烟熏鱿鱼

由于受烟熏条件的影响，烟熏水产品的品质有所不同，要生产优质的产品，就要充分考虑各种因素和生产条件。影响烟熏制水产品质量好坏的因素很多，归纳见表。

影响熏制水产品质量的因素

原料	鲜度、大小、厚度、成分、脂肪含量、有无皮
前处理	盐渍条件：盐渍温度、时间、盐渍液的组成 脱盐程度：温度、时间
烟熏条件	烟熏温度、时间、烟熏量和加热程度 熏材：种类、含水量、燃烧温度 熏室：大小、形状、排气量等
后处理	加热、冷却、卫生状况等

熏制水产品提高了水产品的附加值，延长了产品的货架期，改善了水产品的风味和颜色。

熏制头足类

熏制头足类是鱿鱼、乌贼等头足类水产品经去皮、煮熟、调味后熏制成的水产加工食品。

以熏鱿鱼为例，其主要熏制工艺为以下几个步骤。①前处理。将蒸煮后的鱿鱼胴体放入冰水中冷却，后放入清洗槽逐个清洗，完全去除表皮和杂物，然后放入沥水框沥水。②调味渗透。将鱿鱼胴体倒入调味容器，加入适量的食糖、食盐、味精等调味料搅拌、渗透调味。③烟熏、干燥。将调味好的鱿鱼胴体依次挂在烟熏架上，送入烟熏房烟熏，烟熏时温度控制在50℃左右，并注意观察烟熏房的温度和烟熏效果。烟熏时间控制在1～2小时，烟熏程度可根据消费者习惯做适当调整。烟熏后的鱿鱼需在40℃左右环境中干燥至水分含量符合后续加工要求，干

烟熏鱿鱼圈

切片烟熏鱿鱼

燥可以在烟熏室中进行。④切圈。从烟熏架上取下烟熏好的鱿鱼胴体，切成完整、厚薄均一的圆圈。

鱿鱼、乌贼等头足类软体动物的可食部分接近80%，比一般鱼类高出20%左右，并且无骨刺，食用安全，符合现代消费者的消费要求。因此，以头足类为原料，生产烟熏鱿鱼圈、鱿鱼卷、鱿鱼片、鱿鱼丝，烟熏乌贼等休闲食品，可以显著提高原料附加值。

熏制贝类

熏制贝类是经调味腌渍、干燥、烟熏等工艺加工而成的烟熏贝类制品。

常以牡蛎、扇贝、贻贝等贝类为原料。烟熏贝类产品一般做成即食软罐头休闲食品，产品具有熏制产品特有的色泽和烟熏味，滋味鲜美独特，食用方便，并保留了贝类特有的风味，提高了贝类产品的附加值的营养价值；另一种常见产品形式是经调味、油浸、高温杀菌后做成马口铁罐包装，味道鲜美、营养保健、产品贮藏期长，便于携带。常见的熏制贝类产品有油浸烟熏牡蛎罐头、烟熏贝柱。

以熏制牡蛎为例，采用液熏技术进行熏制，其主要熏制工艺为：选取新鲜牡蛎，洗净，按牡蛎与腌渍液的质量比为 1 : 1 ～ 2，将牡蛎置于腌渍液中进行调味腌渍 40 ～ 60 分钟。腌渍液的组成为食用盐、水、味精和料酒，其中，食用盐的用量为水质量的 20% ～ 30%，味精的用量为水质量的 0.2% ～ 0.5%，料酒的用量为水质量的 2% ～ 6%。将调味腌渍后的牡蛎放入烟熏炉干燥 20 ～ 40 分钟，然后采用烟熏液进行喷雾烟熏。熏制时温度控制在 70 ～ 80℃，时间控制在 40 ～ 80 分钟。然后经冷却至牡蛎中心温度降到 4℃，将牡蛎装入复合薄膜蒸煮袋，抽真空包装即可。

烟熏牡蛎

熏制贝类是熏制水产品中所占比例较高的一种水产熏制品。

熏制鱼

熏制鱼是以淡、海水鱼为原料，经腌渍、调味、烟熏等工艺加工而成的烟熏制水产品。熏制鱼类原料主要有鲤鱼、草鱼、青鱼、鳙鱼、鳊鱼、鲢鱼等淡水鱼，鲑鳟类、鳕鱼、鲱鱼等海水鱼。

以温熏鲐鱼片为例，其生产工艺为以下几个步骤。①原料处理。将冰鲜或冷冻鱼原料去头、去内脏、去鳞、剖片、去中骨后，洗涤干净。②调味浸渍。用鱼片重 50% 的调味液进行调味浸渍，浸渍时间为 2 小时左右，浸渍温度 5 ～ 10℃。调味液参考配方：水 100 克、食盐 0.5 克、砂糖 1.5 克、味精 0.5 克、酱油 8 克、黄酒 3 克、香辛料少量、山梨酸 0.1 克等。③干燥。将原料沥干调味液后，整齐平摊于烘车的网片上，用 40℃ 左右的热风吹至表面干燥为止，约需 1 小时。④烟熏。烟熏开始时温度为 30 ~ 40℃，随着烟熏的进行温度逐步上升，第 2 个小时温度上升至 60℃，最后的 1 ~ 2 小时温度逐步上升至 70 ~ 90℃。开始时如温度过高，会引起鱼体破损，品质下降。烟熏时间一般为 3 ~ 4 小时，制品的水分含量一般在 55% ~ 65%。⑤包装。熏制完成后冷却至室温，整形包装，用塑料复合袋真空包装，要长时间保藏必须冷冻或杀菌后罐藏，常温保藏只能存放 4 ~ 5 天。

熏鱼在中国湖南、湖北、贵州、江苏、浙江、上海等地较为普遍，作为节日期间待客食品。荷兰、比利时、澳大利亚、日本等国也是熏鱼生产和消费国，但以三文鱼、虹鳟、鲱鱼等海水鱼熏鱼为主。

烟熏虹鳟鱼

水产罐头食品

水产罐头食品是将水产品原料经过预处理后，装入密封容器中再经杀菌、冷却等过程制成的食物。

◆ 简史

罐头食品发展历史源远流长，公元 6 世纪北魏农学家贾思勰在《齐民要术》中对罐藏法就有描述，"一层鱼，一层饭，手按令紧实，荷叶闭口。泥封勿令漏气。以箬封口"。此种保藏方法可视为罐藏方法的萌芽。18 世纪末，法国陆军因战争给养出现问题，拿破仑悬赏鼓励发明保藏食品的方法，法国人 N. 阿佩尔经过多年努力在 1804 年成功研究出可以长期贮存的玻璃瓶装食品。阿佩尔给它取名为"Conserve"，传入中国后译为"罐头"。1810 年，英国人 P. 杜兰德获得玻璃、金属容器盛装食品的专利。1812 年，他在法国巴黎附近马西镇建立了世界上第一个罐头食品厂，产品主要供给军方。1864 年，法国科学家 L. 巴斯德阐明食品腐败变质的原因是由于微生物的作用。1873 年，巴斯德提出加热杀菌的理论。1920 年，鲍尔和比奇洛首先提出了罐头杀菌安全过程的计算方法，即图解法。1923 年，鲍尔又建立了杀菌时间的公式计算法、杀菌条件安全性的判别方法。1948 年，斯塔博和希克斯进一步提出了罐头食品杀菌的理论基础 F 值，从而使罐藏技术趋于完善。1968 年，日本大家食品公司首先生产出质量较高的蒸煮袋，此后蒸煮袋在世界各国得到迅速发展，部分替代了金属罐。传统水产食品软罐头的生产在过去一直采用加压加热高温杀菌工艺，现在真空包装 - 巴氏杀菌工艺，以及气体置换包装 - 阶段杀菌工艺（新含气调理杀菌工艺）都有所应用。在水产品罐头工业中，尤其是鱼类罐头，尽管各种罐藏容器不断发展，但镀锡罐及铝罐的应用仍为多数。

中国罐头工业始于 1906 年，上海泰丰食品公司是中国首家罐头厂。随后，沿海各省先后兴建罐头厂。随着科学技术的发展和人们生活水平的提高，罐头工业出现了新的特点，表现为罐藏原料的日趋优化，生产作业的逐步自动化，先进工艺技术的应用加快了罐头工业生产的连续化，包装材料不断更新促进了罐头消费。

◆ **工艺流程**

加工之前需要对原料进行各种前处理，以除去污物和不可食部分，然后将处理后的水产食品原料进行盐渍（或不盐渍）、再进行适当的预热处理或调味（油炸、蒸煮、烟熏等），进行装罐、密封、杀菌、冷却、静止保温检验等过程，再经包装后出库。

◆ **加工原理**

将经过初加工的水产品置于排气密封的容器内，经过高温加热处理，杀灭水产品中的微生物，并使酶的活性受到破坏；同时，由于隔绝空气，防止外界的再次污染和空气氧化，水产品得以长期保藏。

◆ **原料**

主要为鱼、虾、贝、藻，一般要求为鲜活、冰鲜，或冷冻冷藏原料，对冷冻冷藏原料要求在 $-18℃$ 贮藏期为 6 个月以内的原料。中国沿海及内陆水域面积广阔，海岸线长，自然条件优越，水产资源丰富。因此，水产品在罐藏原料中占有重要地位。中国现有的鱼、虾、蟹、贝等水产品有 2000 多种，是世界上鱼、贝类品种较多的国家之一。在品种众多的水产品中，有经济价值的有 300 多种，但由于受各种条件限制，中国用于罐藏加工的品种还不全面，其中较为著名的海产品有鲅鱼、鲐鱼、鲭鱼、鲫鱼等；淡水鱼类有青鱼、草鱼、鲢鱼、鳙鱼等；还有名贵水产品如鲑鱼、鲥鱼、银鱼、对虾、鲍鱼等。

◆ **分类**

根据罐头食品的前处理工艺、调味方法不同将水产罐头分为以下四类。①清蒸水产罐头。常见的有清蒸鲑鱼罐头、清蒸对虾罐头、原汁赤贝罐头、清汤蛏罐头等。②调味水产罐头。又可分为红烧、葱烤、鲜炸、五香、豆豉、酱油等，常见的有豉油鱿鱼罐头、红烧花蛤罐头、葱烤鲫鱼、豆豉鲮鱼等罐头。③茄汁水产罐头。不少鱼类，如鳗鱼、鲭鱼、鲅鱼、鱿鱼、鲳鱼、乌贼、青鱼、草鱼、鲢鱼、鳙鱼等，可制成茄汁类罐头。④熏制（油浸）水产罐头。常用的原料有鳗鱼、黄鱼、带鱼等。

清蒸鲑鱼罐头

◆ 价值

水产类罐头由于在加工过程中需要经过油炸、蒸煮、调味、盐渍、烟熏等特殊工序，所以此类产品不仅具有水产品原有的风味，还增添了其他特有风味。其中，清蒸水产罐头的特点是成品保持原料固有的天然风味，或者天然风味损失极少，食用时可依消费者的嗜好重新调味，不受各地口味不同的影响。另外，水产罐头制品经过一定时间的储藏后风味更佳，便于携带，食用方便。

鱼肉火腿

鱼肉火腿是鱼肉经腌渍发色，或鱼肉糜中掺入经腌渍发色的畜肉，灌入肠衣（或装入其他容器）制成的调味熏烤鱼制品。常用的原料鱼有金枪鱼、鳕鱼、鳗鱼、黄鱼等较大型鱼类。

鱼肉火腿的一般制作方法如下：原料鱼去头、去内脏、去鳞后采肉、漂洗，斩拌待用。斩拌时一般先用盐腌制，再加入砂糖、淀粉、调味料等辅料，最后添加脂肪及蛋清。充分搅拌均匀，使辅料与鱼肉充分乳化。斩拌后的鱼糜用肠衣灌装，或者装入特制模具成型，外用食品级塑料薄膜包扎。灌装好的鱼肉火腿根据杀菌温度可制成低温制品和高温制品两种。低温制品杀菌时，中心温度提高至80℃，保持45分钟，成品储藏或流通温度不可高于10℃。高温制品杀菌时，中心温度达到121℃，保持4分钟，成品可常温储藏和流通，且保质期较长。杀菌结束后冷却，包装贮藏。

水产品腌制品

水产品腌制品是水产动植物原料经食盐或食盐与酒糟、白酒、黄酒等其他辅助材料腌制加工而成的水产食品。

◆ 简史

中国腌制加工水产品生产历史悠久，在南北朝时期就已经有水产腌制食物的说法。南北朝时期南方人喜爱吃鱼，在鱼类加工方面也很擅长，将鱼做成鱼羹；此外，还将鱼腌起来制成鱼鲊。《三国志·吴志·孙晧传》注引《吴录》载：孟仁为监池司马，自己织网，亲手捕鱼，将鱼制成鲊送给其母。其母将鲊退还，并说："汝为鱼官，而以鲊寄我，非避嫌也。"可知当时已有腌鱼的做法。到宋代，水产食品更为流行。《东京梦华录》中所载汴京食店中，以羊肉为原料的菜系约占全书所记菜肴的30%，而《梦粱录》中所载鱼虾海鲜等水产菜肴则占了50%，已具有南方食品特点。如南宋秀州有人把泥鳅做成腌制品——泥鳅干，当地人认为泥鳅性暖，有益于孕妇和病人，所以泥鳅干的销路相当好。

◆ **原料**

水产动植物都可以作为水产腌制食品的原料。水产动物原料主要以鱼类为主，其次是虾蟹类、头足类、贝类。水产植物原料则以藻类为主。

◆ **加工原理**

水产腌制过程最重要的环节是盐渍。通过盐渍作用，抑制微生物生长发育和酶活动，降低水产品脂肪氧化速度，达到抑制水产品腐败变质而实现长期保存水产品的目的。鱼贝类在盐渍过程中，食盐向鱼体内部渗透，与鱼体内自身存在的多种盐类物质构成混合盐体系，大大降低了鱼体内环境的溶氧含量。鱼贝类许多生化反应的进行都需要氧，尤其是鱼贝类的高度不饱和脂肪酸的氧化更是离不开氧。因此，盐渍后的鱼贝类，由于体内微环境在食盐等混合盐类作用下导致溶氧降低，从而抑制了鱼贝类的脂肪氧化，延长了腌制品的货架期。

◆ **保藏方法**

水产腌制食品在加工和贮藏期间，如果条件控制不合适，会发生腐败、自溶作用，引起肉质软化、脂肪分解和霉变，从而失去食用价值和商品价值。因此，水产腌制食品的生产与贮藏管理十分重要，主要包括贮藏条件、脂肪变质和色泽变化控制等。

食盐的浓度是影响水产腌制食品贮藏性的重要因素。对于水产盐腌品，盐分含量为15%左右的制品具有一定的贮藏性，但在流通过程中需要低温保管；盐分含量在20%以上的制品，尽管可在常温下流通，但以7～10天为上时限，仍然会发生因自溶和发酵引起肉质软化；重盐制品在冬季可贮藏2～3个月，但最好也采用低温流通和保管，否则也可能发生霉变。

鱼类腌制品因其脂肪酸中含有较多的高度不饱和脂肪酸，一方面本身容易发生自动氧化，另一方面食盐也有促进脂肪氧化的作用。因此，在盐腌过程及贮藏流通中脂肪极易氧化。脂肪氧化后，生成低级脂肪酸和其他一些带有刺激味和涩味的物质，出现"油烧"现象。一般情况下，撒盐腌制比盐水腌制更容易发生脂肪自动氧化。为防止脂肪氧化，通常在盐腌过程中添加一些脂溶性抗氧化剂，如二丁基羟基甲苯、丁基羟基茴香醚等。

一般情况下，霉菌对干燥的抵抗力较强，在水分活度稍低于腐败菌的最低发育界限时，霉菌很容易生长。对于撒盐腌制的制品，其表面常有霉菌生长，使其表面常出现红、黄、白、黑等霉变斑点，从而失去商品价值。低温贮藏是控制霉菌色变斑点最有效的方法。在夏季高温潮湿季节，盐腌制品有时会发生红变现象，主要是嗜盐菌增殖繁殖所致，只要控制腌制盐的质量，一般都可避免此类情况发生。

◆ 分类

水产腌制食品由于腌制加工工艺的不同，产品各异，包括盐渍水产品、糟制水产品和醉制水产品等。

盐渍水产品是采用食盐或食盐溶液对水产原料进行涂抹、浸泡处理加工制成的水产品。盐渍水产品是中国传统加工保藏食品之一，风味独特，深受大众青睐。随着产品种类和加工技术的日趋多样化，盐渍过程常被作为其他加工，尤其是风味加工的前处理手段，以提高制品适口性，或使原料在较短时间内达到性状稳定。常见的盐渍水产品有盐渍海参、盐渍带鱼、盐渍海带等。

糟制水产品是以水产动植物为原料经盐渍和糟制加工而成的水产制品。又称糟制品。糟制品原料鱼大多为青、草、鲤、鳡、鲳、海鳗、小黄鱼等，原料以新鲜和肥满鱼类为宜；盐渍鱼也可以作为原料，但必须适当脱盐。酒糟则要求品质优良，水分含量少且香味浓厚，乙醇含量4% ~ 6%，且无酸味。糟制品坚实而不酥软，由于乙醇的渗透，肉色呈殷红，无酸味且有特殊糟香气味，制品表面不发黏，酒糟亦无酸味和腐败气味。中国很早以前就有糟制水产品的方法，流行地区较广，尤以浙江地区最多。明代初期中国民间就有小黄鱼糟制加工。20 世纪 60 年代后期，中国浙江、福建、广东等地有一定的加工量。随着海洋资源的衰退和冷库的普及，产量越来越少。加工季节一般为春季，产品含有丰富的蛋白质和不饱和脂肪酸，风味独特，一般蒸熟或直接食用。常见的有糟黄鱼、糟鲳鱼、糟鲤鱼、糟青鱼等。

醉制水产品则主要有以鱼贝类为原料经盐渍和醉制加工而成的水产制品。利用酒糟或酒旱味成分的作用、酒精的杀菌作用和密封抑制好气菌的作用来提高水产品的风味和耐藏性。又称醉制品、糟醉品。醉制水产品独特的风味和鲜明的地方特色受食客们的青睐。醉制法加工水产品是古老而又独特的加工方法，其技术简单易学。因此，醉制水产品很有推广价值。醉制水产品突出浓厚酒香味，常见的有醉泥螺、醉虾、醉蟹等。

◆ 价值

水产腌制食品具有营养丰富、风味独特、保存时间长，工艺简单、方便，便于短时间内处理大量渔获物等特点，在集中收获期间可以及时贮存原材料，是防止腐败、延长货架期的有效解决办法。新鲜海水鱼中挥发性风味成分主要是醇和羰基化合物，而腌制后的挥发性风味成分大部分是酮、醇、醛、硫和氮化合物等，不同的腌制产品还会有特征风味成分，比如，己醛、庚醛、辛醛、壬醛、戊烯 -3- 醇、1- 戊醇、乙醇和 1-辛烯 -3- 醇，形成了风味迥异的鱼类腌制品。

醉制水产品

醉制水产品是采用酒糟或酒将鲜活水产品或盐干水产品调味渍藏而成的产品。利用酒糟或酒呈味成分的作用、酒精的杀菌作用和密封抑制好气菌的作用来提高水产品的风味和耐藏性。又称醉制品、糟醉品。

醉制水产品有醉螺、醉虾、醉蟹、糟鱼等。其中，醉泥螺、醉虾、醉蟹加工方法如下。

◆ 醉泥螺

以泥螺为原料经醉制加工而成的制品。又称吐铁。起源于 20 世纪 80 年代初，主产于中国江浙一带。每年 7 ～ 9 月为生产季节。加工原料以仲夏前后肥满脆嫩的泥螺为佳，加工大致分为盐浸、盐渍、醉制三个阶段。盐浸时，将干净的泥螺中加入 20% ～ 23% 的盐水处理 3 ～ 4 小时后，捞出清洗并沥干。盐渍时，将盐浸后的泥螺加入 20% ～ 22% 的盐水搅拌均匀。次日，盖上竹帘并压上石头使泥螺浸没于盐水中，盐渍约半个月。醉制前先制卤，将盐水中加入适量八角茴香、桂皮、姜片等煮沸 10 分钟，冷却过滤即得卤水。醉制时，将盐渍后的泥螺分装于坛中，加入卤水至淹没泥螺，再加入泥螺重量 5% 的黄酒，密封成熟约

10 天，分装，即得成品。

◆ 醉虾

以活虾为原料醉制加工而成的制品。是一种以生食为主的特色菜式，以其肉质鲜美、风味独特，深受消费者喜爱。生食醉虾对活虾体长有较严格的要求，一般以 3 ～ 5 厘米长的虾为宜；商品醉虾则对虾的长度大小要

求不是很严格。鲜活虾用清水洗净后剪去虾枪、须、脚，然后放于盘内，淋上黄酒，再加调味料，在虾上面均匀摆上葱白段，扣上碗即制得生食醉虾。商品醉虾则需要气调（二氧化碳＋氮气）包装和冷藏贮运。

醉虾

◆ 醉蟹

以螃蟹为原料醉制加工而成制品。中国传统名贵制品，主产江浙一带。一般选用个体健壮、肉质丰满、背壳坚硬的活蟹为原料，经暂养并充分吐水后，在蟹脐内敷入香料和食盐并用棉线扎紧，放入醉制缸中，灌入料液至全部浸没。再用棉纸封口，于阴凉处放置。一段时间后上下

翻动，以均匀醉制，每次翻动后均须封口。30 天后醉制成熟，便可分装制得成品。醉制用酒多用黄酒，一般用酒量为原料重的 1/3，醉制时，酒与食盐、花椒、八角、茴香等一并制成料液使用。

醉蟹

醉制水产品独特的风味和鲜明的地方特色受食客们的青睐。醉制法加工水产品是古老而又独特的加工方法，其技术简单易学。因此，醉制水产品很有推广价值。

糟制水产品

糟制水产品是鱼、贝类等水产品原料经盐腌后置入酒糟中加工而成的产品。又称糟制品。

中国很早以前就有糟制水产品的方法，流行地区较广，尤以浙江最多。明朝初期中国民间就有小黄鱼糟制加工。20 世纪 60 年代后期，中国浙江、福建、广东等地有一定的加工量。随着海洋资源的衰退和冷库的普及，产量越来越少。加工季节一般为春季，产品含有丰富的蛋白质和不饱和脂肪酸，风味独特，一般蒸熟或直接食用。

糟制品原料鱼大多为青鱼、草鱼、鲤鱼、鳓鱼、鲳鱼、海鳗、小黄鱼等，原料以新鲜和肥满鱼类为宜；盐渍鱼也可以作为原料，但必须适当脱盐。酒糟则要求品质优良，水分含量少且香味浓厚，乙醇含量 4% ~ 6%，且无酸味。糟制品坚实而不酥软，由于乙醇的渗透，肉色呈殷红，无酸味且有特殊糟香气味，制品表面不发黏，酒糟亦无酸味和腐败气味。

以青鱼糟制加工而成糟青鱼为例。新鲜且肉质厚实的青鱼去鳞、去头尾和内脏后沿脊柱开成带骨和不带骨的鱼片，去血污和黑膜后立即用原料重量的 20% ~ 23% 的细盐盐渍。7 ~ 10 天卤水浸没鱼片时第 1 次盐渍完成。肉软的再次抹盐，肉硬的只需撒盐，进行第 2 次盐渍。2 次盐渍均要求卤水淹没鱼片，否则会影响质量。两次盐渍结束后，日晒风干至表面泛油光、肉质呈红色时切块装缸糟制。糟制时，先制糟制液，一般有酒酿、烧酒、砂糖、食盐等。切好后的咸干青鱼块整齐摆放于糟制容器中，每放 1 层，加入适量的糟制液后封口（坛口直接接触 1 张牛皮纸要涂上猪血）。2 ～ 3 个月糟制成熟后即可开坛食用。

糟青鱼

糟制小黄鱼的加工原材料包括新鲜小黄鱼、酒糟、高粱酒、黄酒等。加工方法为：小黄鱼预处理、腌制、日晒、装坛、糟渍、封装。产品以肉质结实、咸淡适宜、无鳞片、滋味鲜美为上品。

糟制水产品食用加工历史久，是南方菜中的精品，南方称为"糟货"。保质方法和加工技术使水产品获得较长贮藏时间。对生产者来说可避免生产量大、上市过于集中和销售不及时带来的损失，可均衡上市，合理调整供需关系。

盐渍水产品

盐渍水产品是采用食盐或食盐溶液对水产原料进行涂抹、浸泡处理加工制成的水产品。常见的盐渍水产品有盐渍海胆黄、盐渍鲱鱼子、盐渍海带、盐渍裙带菜等。

◆ 盐渍海胆黄

海胆生殖腺的盐渍品。20 世纪 70 年代，中国开始生产，主产于辽宁和山东，年产量有几十吨，全部出口日本。海胆采捕加工期一般为5～8月和11月，以及次年3月。可供加工利用的品种是大连紫海胆、紫海胆和马粪海胆。加工时，在保持生殖腺完整的前提下破壳取出海胆，经盐水漂洗，控水，称重，再加盐腌制得到成品。盐渍海胆黄的加工对原料的鲜度要求极高，必须是海胆捕获后活体加工，不能日晒和雨淋。成品的色泽应具有鲜活海胆生殖腺固有的淡黄、金黄或黄褐色，允许因加工造成的色泽加深。其组织形态呈较明显的块粒状，软硬适度。制品应具有其本身的鲜味，且无异味。一般情况下盐渍海胆黄在 -18℃ 的贮存条件下，可保存 6 个月。

盐渍海胆黄

◆ 盐渍鲱鱼子

太平洋鲱鱼子的盐渍品。又称盐渍青鱼子。20 世纪 70 年代初，黄海产量达 10 余万吨；80 年代以后资源下降，为保护资源，不再生产。加工时，一般取卵囊膜完好的鱼卵，要求新鲜且成熟度好。先用密度 1.04 克/厘米³ 的盐水漂洗，再用食盐盐渍 4 天即可。包装时，每层鱼子间要加 4% 的隔层盐，储存于 -6～0℃ 的冷库中。盐渍鲱鱼子成品颜

盐渍鲱鱼子

色和形状与鲜鱼相似，外观呈现透明黄色，具有坚韧的齿感和沙粒样舌口感。

盐渍品是中国传统加工保藏食品之一，风味独特，深受大众青睐。随着产品种类和加工技术的日趋多样化，盐渍过程常被作为其他加工，尤其是风味加工的前处理手段，以提高制品适口性，或使原料在较短时间内达到性状稳定。

水产干制食品

水产干制食品是以新鲜或冻藏水产品为原料，直接或经过盐渍、预煮后，在自然或人工条件下脱水制成的干燥水产品。

◆ 沿革

水产干制食品在中国有悠久的生产历史。早在公元前 5 世纪的周代，已开始制作、销售、食用干鱼。在生产实践中，中国劳动人民不断改进水产品的腌制和干制工艺，开发出腊鱼、熏鱼、酒糟鱼等产品。20 世纪 50 年代以来，现代干制技术不断引入水产品干制加工，中国水产干制食品产量持续增长，已成为中国水产加工品的第二大类型。干制是一种传统的水产品加工保藏方法，鱼、虾、贝、头足类、藻类等水产品均可被加工成干制水产食品。受原料鲜度要求限制，在中国水产干制食品生产地主要集中于沿海及中南地区。

◆ 类型

受自然条件、饮食习惯和原料特性的影响，不同地区居民采用了不同的腌制、干制工艺，生产出风味各异的水产干燥食品。按干燥前的预处理方法和干制工艺的不同，可将水产干制品分为生干品（淡干品）、煮干品（熟干品）、盐干品、调味干制品和半干食品等类型。

◆ **生产工艺**

不同类型水产干制食品的生产工艺流程存在一定的差异。生干品的生产工艺最为简单；煮干品需要将水产品煮熟后再干燥；盐干品需要经过腌渍处理后再干燥。干燥是水产干制食品生产的关键工序，干燥方法和条件会影响其干燥速率和干制品质量，在实际生产中需要根据产品类型、特性和品质要求来进行合理选择。

◆ **包装与贮藏**

水产干制食品的含水量低且含有大量的不饱和脂肪酸，当其包装不良或暴露在空气中时，易吸收空气中水蒸气而使水产干制品的水分活度升高，脂质易氧化酸败，导致制品发生颜色、滋味和气味等变化，影响成品质量和货架期；另外，水产干制食品在贮藏中易受到蚊蝇等侵害，条件适宜时虫卵孵化变成幼虫，显著损害水产干制品的商品价值。水产干制食品在贮藏过程中，要保持包装良好、低温环境并防止蚊蝇侵染。

在干燥过程中，由于加热、干燥等处理，水产品物料会发生体积缩小、重量减轻、表面硬化、多孔性等物理变化，以及蛋白变性、脂肪氧化、维生素破坏、褐变、色泽变暗和挥发性风味物质损失等化学变化，水产干制品具有保藏期长、重量轻、体积小，便于贮藏和运输等优点，但干燥同时会导致蛋白质变性、脂肪氧化酸败，对产品的风味和口感造成不同程度的影响。

盐干品

盐干品是将水产品原料经盐渍、漂洗再进行干燥等工序加工成的水产干制品。

盐干加工将腌制和干制两种工艺结合起来，食盐不仅可使原料脱去一部分水分、有利于干燥，而且可在加工和贮藏过程中防止原料和制品的腐败变质。盐干品分为盐渍后直接干燥和经漂洗后再干燥两类。

盐干加工利用食盐和干燥的双重防腐作用，在鱼货多、来不及处理或阴雨天无法干燥的情况下，先用盐渍保存原料，等到天晴时再进行晒干或风干。盐干加工多用于不宜进行生干和煮干加工的大、中型鱼类，以及不能及时进行生干和煮干加工的小杂鱼等原料的加工。

盐干加工过程中，按照用盐方式，可将腌制工艺分为干盐渍法、盐水渍法、混合盐渍法和低温盐渍法。具体参见盐渍。

盐干品加工较简便，适用于高温和阴雨季节时加工，保质期长，但成品咸味重、肉质干硬、复水性差，易出现"油烧"（脂肪氧化）。随着人们生活质量的提高和食品安全意识的增强，高盐的传统盐干品已经开始向低盐的制品（半干品）转化，低盐制品水分含量较传统盐干品高，含盐量低，肉质软硬适中，风味较佳，口感较好，但贮藏性差，需在低温（冷藏、冷冻等）条件下进行贮藏和流通。

煮干品

煮干品是将鱼、虾、贝等新鲜水产原料经清洗等预处理后，再经煮熟、干燥等工序加工成的制品。又称熟干品。

　　煮熟处理不仅可使原料肌肉蛋白质凝固脱水、肌肉组织收缩疏松，从而在干燥过程中加快原料组织内部的水分扩散速度、缩短干燥时间、提高干燥设备的利用效率，而且可杀死细菌、失活原料组织中各种酶类的活性，固定原料原有品质，防止其在干燥和保藏过程中变色、变味等现象发生。为加速脱水，煮熟时可加 3% ～ 10% 的食盐。

　　原料鲜度对煮干品品质有重要影响，用于煮干加工的原料须具有较高的新鲜度。在干燥过程中，原料中不饱和脂肪酸会因长时间受热氧化使制品品质下降，故煮干加工不适用于含有较多不饱和脂肪酸的大型水产品的干制加工。在煮干加工过程中，原料经水煮后，部分可溶性物质溶解到煮汤中，会在一定程度上降低制品的营养和风味。另外，水煮易使水产品皮层和肌肉组织崩溃，在干燥过程中易引起断头、破腹或破碎，会导致干制品成品率降低，并且干燥后制品组织坚韧、复水性较差。因此，应按不同品种，掌控好水煮的温度和时间，既要煮透，又不可过熟。

　　煮干水产品的加工工艺，以虾皮为例主要包括毛虾挑选、水洗、炊煮、沥水、干燥、分级、包装、贮藏等工序。鳀鱼干生产工艺主要包括鳀鱼挑选、清洗、蒸煮、干燥、包装、贮藏等工序。淡菜干加工工艺主要包括贻贝原料挑选、清洗、蒸煮、去足丝、壳肉分离、清洗贻贝肉、控水、浸渍、捞出控水、干燥、分级、包装、贮藏等工序。

　　煮干加工在中国南方渔业区的水产品干制加工中占有重要地位。煮干加工主要适用于个体小、肉厚水分多、扩散蒸发慢、易腐败变质的小型鱼、虾、贝类等干制品的生产，主要制品有虾皮、虾米、鳀鱼干、牡蛎干、淡菜干、蛏干、鲍鱼干、干贝、鱼翅、海参等。

煮干品具有干燥速度快、成品质量好且稳定、耐贮藏、食用方便、能耗较低等特点。

虾米

干贝

生干品

生干品是将生鲜水产品经剖切、去内脏、洗净等处理后，直接干燥而成的制品。又称淡干制品。

生干制品由于原料的组成、结构和性质变化小，原料组织中水溶性物质流失少，故复水性好且能保持原有品种的良好风味和色泽。但因生干制品未经盐渍和预煮等处理，干燥前原料的水分较多，在晒干和风干过程中易受到气候影响而变质，特别是由于鱼体微生物和组织酶类仍有活性，在干燥和贮藏过程中可能引起色泽与风味的变化。

水产品生干加工主要适用于体形小、肉质薄而易于干燥的鱼、贝、虾等干制品的生产，如墨鱼干、鱿鱼干、虾干、银鱼干等品种。

以鱿鱼干、墨鱼干为例，鱼类淡干品生产工艺主要包括原料挑选、剖腹、除内脏、清洗、干燥、整形、罨蒸和发花、包装等工序，其关键工序为干燥、整形、罨蒸和发花。生干品可采用天然干燥法和热风（冷风）干燥法。干燥至五成和八成干时，分别进行整形打平。鱼体干燥至九成干时，收放在筐内密封放置 3～4 天进行罨蒸，使鱼体内部水分向外扩散，并使体内甜菜碱等水溶性含氮化合物析出，干燥后即成白粉附着在水产品表面；经罨蒸发花的制品需要进一步干燥至全干，即可包装入库；也有品种省去罨蒸发花工序，直接干燥包装。

半干食品

半干食品是将腌制、调味与干燥相结合加工出的水分含量在 20%～50%、水分活度在 0.7～0.9，常温下即能贮藏的一类食品。实际上是在加盐、加糖腌制和调味的基础上，通过轻度干燥使物料部分脱水，而可溶性固形物浓度高到足以束缚住残余水分的一类食品。是干制品中一类高含水量制品。又称半干半潮制品。

◆ 简史

中国第一部农业类百科全书《齐民要术》中详细记载了调味干鱼的制作方法，而半干水产食品的起源可追溯到中国南宋时期。在 1320 年成书的《梦粱录》中记载了南宋都城半干腌鱼（"鲞"）的生产和销售盛况。20 世纪 90 年代，传统的腌制、盐干水产品的加工比例不断下降，代之而起的是低盐、高含水的半干半潮制品。半干水产食品既有腌制品的独特风味，又能最大限度地保存新鲜水产品的主要特征。半干制品作为主要的水产加工制品，在中国和日本占有很大的市场比例。

◆ 加工工艺

半干食品的耐藏性、口感和风味与其水分活度关系密切，为有效提高半干食品中水分含量，保持制品具有良好的品质和风味，有效延长其常温保藏期，半干食品加工需要采用专门的理论和技术，如栅栏技术。即加工过程中合理调控若干强度不同的栅栏因子，通过栅栏因子的交互作用，形成特有的防止腐败变质的栅栏，从而限制微生物生长繁殖和食品氧化，较好地保存水产品原有的风味和口感。

多种水产品原料可用于半干食品的加工，常见的半干食品有半干咸鱼、海蜇丝、高水分半干牡蛎、半干海参、半干扇贝、即食半干虾仁、半干鱼片等。以半干咸鱼为例，其加工工艺流程包括鱼原料选择、宰杀、去头、除鳞、除内脏、洗净、腌制、清洗、去除表面附着水分、干制、冷却、包装、冷藏等。

◆ 特点

半干制品加工方式既可延长水产品的保藏期限，又可改善普通水产干制品质地粗硬、复水性差、水产品口感和鲜美风味体现不足等缺陷，已成为水产品干制加工的发展方向。半干食品的特点是能在常温下贮藏，耐藏性好，口感和风味好，食用前不需复水，食用方便，且包装无特殊要求。

鱿鱼干

鱿鱼干是鱿鱼经洗涤、剖割、除内脏等工序后再风干制成的水产干制品。

原料有长条形的柔鱼和椭圆形的枪乌贼，前者优于后者。鱿鱼易发红，须及时处理以防止色泽发生较大的变化。在腹侧用锋利的刀从颈部至尾部笔直地切开，除去内脏并留下软骨，将眼球和嘴除去。用海水或淡盐水将鱿鱼洗净，待干燥处理。干燥主要有吊晒法和网晒法。①吊晒法。将鱿鱼摆在铁丝网片上，以竹签撑开胴体，用小铁钩钩住鱿鱼尾部挂在固定的支架上，使鱿鱼头朝下，以便渗出水分。②网晒法。将鱿鱼平铺在网帘上，先晒鱼背，后翻晒腹肉。干燥完成后即可包装，包装应保证鱿鱼干不受潮，不形变，不变质。

鱿鱼干以色泽呈淡红色，其上覆有一层白霜状物质，肉质较厚且细密为上佳，食用前需泡发。鱿鱼干具有生产成本和储藏成本较低、味道鲜美、保质期较长等优点，可食部分达 95%，比墨鱼干多 13%；蛋白质含量达 65.9%，每百克比墨鱼干多 27.8 克；每百克含热量 316 千卡，比墨鱼干高 42 千卡；还含有碳水化合物、钙、磷、铁等营养成分。

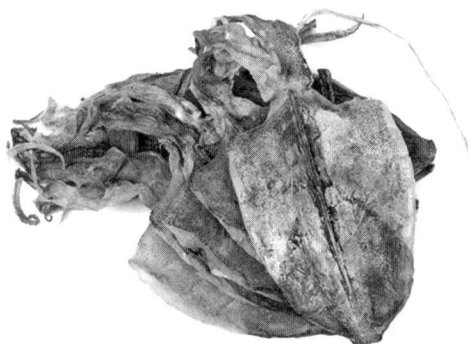

鱿鱼干

调味鱼片干

调味生鱼片干是将原料鱼切片调味后烘干得到的干制品。

调味鱼片干可分为适于外销的调味生鱼片干和适合国内销售的调味烘熟鱼片干。①调味生鱼片干。将原料鱼切头，剥皮，除内脏，冲洗，剖片，切除褐色肉，剔除残骨和鳍，在低于 20℃ 的流水下漂洗后沥水，再进行浸渍调味。调味使用砂糖、味精、精盐、山梨醇等，可赋予其浓厚的滋味,又可抑制干燥速度,使鱼片接近中间水分食品(水分活度为0.65～0.9,水分含量20%～50%)。完成调味的鱼片平展,40℃热风烘干,即为成品。②调味烘熟鱼片干。可使用生鲜原料鱼,按生鱼片干的加工工序将调味的鱼片干燥至一定程度后烘熟,轧松;也可将冷库储存的生鱼片干回温后作为原料。

中国生产的调味鱼片干原料主要是马面鲀、鳕鱼等;日本则以紫色虫纹东方鲀为原料。

虾 皮

虾皮是由海产毛虾加盐(或不加盐),煮熟(或不煮熟)并晒干后制成的水产干制品。毛虾体长1～4厘米,干制品体小,肉少,虾皮因此得名。

虾皮主要分为生虾皮和熟虾皮两种。①生虾皮。原料新鲜度要求相对较高,且虾体要大。鲜虾用清水洗净,沥干水分后摊在干净的席子或石头上,每晒一段时间翻动一次,翻一两次直至晒干。生虾皮以白色有光泽、有一定弹性者为佳;呈深黄色、虾体破碎的虾皮质量较差。②熟虾皮。原料按鲜度分级。清洗后放入锅中,加淡水浸没毛虾,加入适量盐(每千克原料100克盐左右),煮沸后(煮需撇除浮沫)捞出沥干水分,

虾皮

按照制作生虾皮的方法晒干。品质好的熟虾皮应呈淡粉色，具有一定的光泽和鲜度。

虾皮营养丰富，每100克虾皮含蛋白质39.3克、脂肪3克、糖类8.6克、钙2克、磷1克、铁5.5毫克、硫胺素0.03毫克、核黄素0.07毫克、尼克酸2.5毫克，理论上是补充钙和磷的理想食品，也是蛋白质的优质来源。但因虾皮的日常食用量小，对营养的贡献并不大。此外，虾皮钙的吸收率不高，并不是钙的良好来源。

梅香鱼

梅香鱼是广东、福建等气温较高地区的盐渍自然发酵鱼制品。

传统发酵梅香鱼依靠自然富集的微生物参与发酵。工艺流程为：鲜原料鱼→挑选→洗净→取肉→切割→漂洗→抹盐→盐渍→出缸→整形→称重→包装→贮藏。在盐渍过程中利用鱼体内酶类的自溶作用，以及微生物在食盐抑制下的部分分解作用，使蛋白质和脂肪分解，又经过一系列复杂的反应最终产生特殊梅香气味，即熟成。参与其发酵的微生物组成丰富，有酸杆菌门、放线菌门、脱铁杆菌门、厚壁菌门、浮霉菌门、变形菌门、柔膜菌门及疣微菌门等，优势菌门为厚壁菌门。在厚壁菌门中，丰度最高的菌属分别为乳杆菌属、葡萄球菌属和四联球菌属。

梅香鱼主要有以下特点。①较好的口感。乳酸菌和葡萄球菌在发酵过程中分泌蛋白酶、脂肪酶等，可促进原料中的蛋白质和脂质分解成小分子物质，增强原料的质感。②较好的风味。葡萄球菌和微球菌是发酵鱼制品中最常见的改善风味的微生物。它们能分泌蛋白酶、酯酶、过氧化氢酶和硝酸盐还原酶，改善产品的感官品质，赋予其良好的风味。③营养性。发酵过程中肌肉蛋白质被分解为肽和游离氨基酸，提高产品的消化率。④具有一定的储存性。由于较低的 pH、较高的盐浓度及发酵过程中微生物代谢产生的有机酸、抗菌肽、溶菌酶等抗菌物质的共同作用，使发酵鱼的货架期远长于新鲜鱼。

市场上的梅香鱼主要在小型作坊内以传统的发酵工艺制作而成，主要存在以下问题。①品质不稳定。传统方式发酵梅香鱼的制作过程容易受季节、气温、天气和降水量等因素影响，发酵质量难以控制，不同批次的产品风味口感差异很大。为了改善发酵制品的质量，控制其风味，需要对发酵过程进行人工控制，尽量避免自然因素的影响。②储存性有待提高。尽管微生物代谢产生的抗菌物质使梅香鱼储存性大大提高，但仍有一些腐败微生物有机会自然富集在鱼体上，从而加速鱼肉腐败，甚至产生有毒物质。这些微生物的富集在自然发酵条件下无法控制。为了有效延缓制品的腐败，增强储存性，就需要对发酵过程进行控制，并利用具有较强竞争力的发酵菌株进行发酵，阻碍腐败菌在鱼体内的生长。③生产效率较低。由于小型作坊式生产批量小，生产时间需根据气候变化而改变，且产品质量不稳定，因此生产效率低下，产品的竞争力也不高。这就需要将传统的自然发酵向现代化大规模工业化生产进行转变。

鱼糜制品

鱼糜制品是以鱼肉为原料将其绞碎或者将冷冻鱼糜解冻，经擂溃成为稠而富有黏性的鱼肉浆，再做成一定形状后经蒸煮、油炸、焙烤、烘干等热处理而制成的具有一定弹性的水产加工食品。又称鱼糜加工制品。

作为一项古老的技艺制品在中国烹饪史上相传已久，其起源已难以考据。其出现，无论在中国还是日本，都已经有千年的历史，而作为大规模工业化生产还是在 20 世纪 60 年代才发展起来的。2016 年中国鱼糜制品产量约 1.55 百万吨，比 2015 年增加 6.84%。随着中国渔业和加工技术的发展，由过去生产鱼丸、虾丸等单一品种，发展到机械化生产一系列高档次的鱼糜加工制品和冷冻调理食品，如鱼香肠、鱼肉香肠、模拟蟹肉、模拟虾肉、模拟贝柱、鱼糕、竹轮等鱼糜加工制品。鱼糜既可以作为食品制造业的原辅料，也可以作为餐饮业直接加工的食材。

◆ **种类**

鱼糜制品种类繁多，常见的有鱼丸、鱼糕、鱼排、虾饼、鱼卷、鱼香肠、模拟蟹足棒、模拟虾仁、模拟干贝、海洋牛肉、燕皮等。福州鱼丸，云梦鱼面，山东胶东地区、大连等地鲅鱼丸子、鲅鱼饺子等传统特产，从水产品加工的角度看，属于中国具有代表性的鱼糜制品。

鱼丸

鱼卷

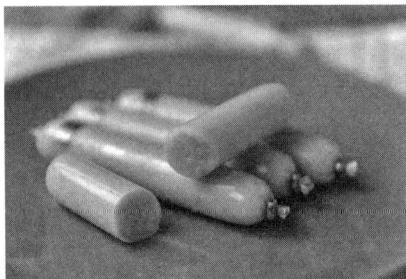
鳕鱼肠

模拟蟹足棒

◆ 原料

鱼糜主要由捕获量比较大的大宗鱼或者经济价值较好的小杂鱼等原料鱼采肉制取，原料鱼如狭鳕、海鳗、带鱼、鲅鱼、沙丁鱼、石首科鱼类等海水鱼，鲢、鳙、草鱼等淡水鱼类，以及其他水产品如墨鱼、虾等。白鱼肉：肌原纤维蛋白稳定性好，色泽好；红鱼肉：肌肉含糖原多，死后肉 pH 下降快。

◆ 理化性质

弹性是鱼糜制品的品质特征。当鱼体肌肉作为鱼糜加工原料经绞碎后肌纤维受到破坏，在鱼肉中添加 2%～3% 的食盐擂溃。由于擂溃的机械作用（搅拌和研磨），肌纤维进一步被破坏，并促进了鱼肉中盐溶性蛋白（肌球蛋白和肌动蛋白）的溶出，它与水混合发生水化作用并聚合成黏性很强的肌动球蛋白溶胶，然后根据产品的需求加工成一定的形状。已成型的鱼糜经加热处理，大部分呈现长纤维的肌动球蛋白溶胶发生凝固收缩并相互联结成网状结构固定下来，其中包含与肌球蛋白结合的水分，加热后的鱼糜便失去了黏性和可塑性，而形成橡皮般富有弹性的凝胶体，即鱼糜制品。弹性是鱼糜制品的重要理化特性，在日本，则被称为"足"。

一般采用蒸、煮、炸、烤四种方法加热，但不论采用哪种方法，由于加热的条件不同，鱼糜制品弹性的强度有很大的差别。在加热速度和弹性的关系方面，即使最终温度相同，但在达到最终温度的时间越长，则弹性越差。一般来说，在 70～75℃ 以下加热则弹性很差，尤其是在 50～60℃ 长时间加热，则将成为没有弹性的产品。这是因为已经形成的网状结构遭到破坏，水分游离，变成明胶状的凝胶，产生凝胶劣变（"戾"现象）而失去弹性。因此，为制造具有很强弹性的鱼糜制品，需采取使其在极短时间内迅速通过 50～60℃ 的加热方法。

为增强弹性也有用"坐"工序。所谓"坐"，指将加盐擂溃的鱼糜放置常温下，让其逐渐丧失黏性产生弹性的现象。通过"坐"以后得到一定强度的凝胶，再经高温加热可使鱼糜制品弹性得到进一步的加强。"坐"的方法有两种，在10℃以下的低温下放置10～24小时后再加热，称为"低温坐"；在30～50℃下放置几十分钟到几小时后再加热，称为"高温坐"。"高温坐"根据加热的温度，存在着可使产品的弹性反而削弱或在"坐"的过程中鱼糜凝胶发生劣变的风险。因此，"坐"的工序需要妥善的温度管理，且需要考虑原料鱼的种类和鲜度，利用长时间"低温坐"来增强弹性，而在采用传送带方式的大批量连续生产中，引进"坐"的工序是有困难的。

◆ 加工工艺

原料鱼处理（各种处理机）→清洗（洗鱼机）→采肉（采肉机）→漂洗（水洗机）→脱水（离心机或压榨机）→精滤（精滤机）→绞肉（绞

肉机）→擂溃（擂溃机）→成型（各种成型机）→加热凝胶化（自动恒温凝胶化机）→冷却（冷却机）→包装（真空包装机或自动包装机）。

冷冻鱼糜

冷冻鱼糜是在漂洗、精滤、脱水后的鱼肉中加入提高鱼肉耐冻结性的糖类和食品级磷酸盐，再经搅拌均匀后冻结的鱼肉。又称生鱼糜、鱼浆。

冷冻鱼糜生产过程不受场地、季节、鱼种等限制，便于长期贮藏和运输，可作为鱼糜制品的生产原料。冷冻鱼糜生产技术的开发，就是使鱼肉的冷冻变性防止技术在实际生产中得以应用，是一种全新的鱼糜制品的原料形态。冷冻鱼糜的出现，对鱼糜制品加工业来说，给原料鱼的稳定供应、制造工序的简化、防止排水污染等方面都带来了很多好处。

冷冻鱼糜按照生产场地又可分为海上鱼糜和陆上鱼糜。同样条件下，海上鱼糜的弹性和质量更好。根据是否添加食盐又可分为无盐鱼糜和加盐鱼糜。无盐鱼糜在鱼肉中一般添加 5% 左右的蔗糖和 0.2% ~ 0.3% 的多聚磷酸盐，加盐鱼糜添加 5% 蔗糖及 2.5% 左右的食盐。

鱼糜制品的质量很大程度上依存于鱼糜的品质，即色泽、形态、气味、滋味、杂物等感官要求，凝胶强度、杂点、pH、白度等理化指标，以及重金属、多氯联苯等安全指标。

鱼 油

鱼油是鱼体内全部脂类物质的总称。

鱼油主要由混合甘油三酯组成，还含有磷脂、甾醇、烃类、蜡、甘油醚、维生素和色素等成分，是食品、医药和化学工业的重要原料。鱼油的制取大部分以水产动物的储存脂肪，即皮下脂肪层（在海兽中称为皮下脂）、沿腹壁的脂肪层、肌肉中的组织脂肪和肝脏中的脂肪为原料来源。

鱼油按用途分有饲料用鱼油、药品级鱼油、鱼油保健品、食品级鱼油。粗加工鱼油主要用于水产和禽畜饲料，精炼后的高品质鱼油主要用于药品、保健品或功能性食品。按来源主要包括鱼体油、鱼肝油和海兽油。

鱼体油主要取自鳀鱼、鲱鱼、沙丁鱼、鲭鱼、毛鳞鱼等多脂鱼类，是制造鱼粉时的联产品。通常采用湿榨工艺，原料经过蒸煮、压榨之后，从压榨液中分离出粗油再经分离澄清成鱼油。

海兽油从水生哺乳动物如鲸、海豚等皮下脂肪提取的油脂。主要方法有加热熔出、压榨、电溶及酸、碱等法，包括间接蒸汽加热法、直接蒸汽加热法、真空熔出法、酸碱熔出法、电流熔出法、冷压榨提取法、脉冲法等。

鱼油可以加工成多种制品，包括氢化鱼油、鱼油微胶囊、多不饱和脂肪酸、交酯化产品、高级醇、硫酸化油、聚合油等。鱼油属于含有丰富不饱和脂肪酸的液体油，经过加氢后得到饱和状态的固体脂，称为油脂的氢化，所得固体脂即为氢化鱼油（或硬化油）。鱼油微胶囊是用壁材通过特定的工艺将鱼油包埋后制成粉末状鱼油产品。鱼油通过碱催化、酸催化、酶催化法等水解得到混合脂肪酸，可以进一步采取低温结晶法、脂肪酸盐结晶法、尿素络合法、减压蒸馏与分子蒸馏法、超临界气体萃取法等分离制备多不饱和脂肪酸，如二十碳五烯酸（EPA）和二十二碳六烯酸（DHA）等。油脂的交酯化包括酸与酯作用的酸解、醇与酯作用的醇解和酯与酯的置换酯化。高级醇是合成洗涤剂、表面活性剂、可塑剂等的重要原材料，可以通过鱼油或脂肪酸还原而成。鱼油因为含有大量的多不饱和脂肪酸，在制备高度不饱和醇方面有明显的优越性，制备方法主要有高压氢化法和金属钠还原法。鱼油与浓硫酸作用的产物即硫酸化油，最初应用于土耳其红染料，后来也应用于其他染料及皮革上光。

为满足某些高级用油和进一步加工的需要，鱼油还需要进一步精炼，包括脱胶、脱酸、脱色、脱臭和冬化。

鱼油制品

鱼油制品是来自鱼粉厂的鱼体油、从水产动物（鲸、海豚等）皮下脂肪熔炼出来的海兽油，以及从水产动物肝脏提炼出来的鱼肝油等鱼体内的全部脂类物质的总称。主要由混合三酰甘油组成，是食品、医药和化学工业的重要原料。

鱼体油主要以鳀鱼、鲱鱼等多脂鱼类为原料，是制造鱼粉时的连带产品，原料经过蒸煮、压榨后，先从压榨液中分离出粗油，再通过精炼而制得。海兽油是从水产动物如鲸、海豚等皮下脂肪提取油脂。鱼肝油是由鱼类（如鲨鱼、鳕鱼）肝脏炼制的油脂，广义的鱼肝油也包括鲸、海豹等海兽的肝油。从鱼粉厂来的鱼油、鱼肝油和从熔油厂来的海兽油，虽然其中的水分和机械性杂质已被除去，但这种油并不能满足某些高级用油和进一步加工的要求，需要进一步精炼加工成鱼油制品。

　　鱼油制品主要包括氢化鱼油、鱼油微胶囊、多不饱和脂肪酸、交酯化产品、高级醇、硫酸化油、聚合油等。鱼油属于含有丰富不饱和脂肪酸的液体油，经过加氢后得到饱和状态的固体脂，称为油脂的氢化，所得固体脂即氢化鱼油（或硬化油）。鱼油微胶囊是用壁材通过特定的工艺将鱼油包埋后制成粉末状鱼油产品。鱼油通过碱催化、酸催化、酶催化法等水解得到混合脂肪酸，可以进一步采取低温结晶法、脂肪酸盐结晶法、尿素络合法、减压蒸馏与分子蒸馏法、超临界气体萃取法等分离制备多不饱和脂肪酸，如二十碳五烯酸（EPA）、二十二碳六烯酸（DHA）等。油脂的交酯化包括酸与酯作用的酸解、醇与酯作用的醇解、酯与酯的置换酯化。高级醇是合成洗涤剂、表面活性剂、可塑剂等的重要原材料，可以通过鱼油或脂肪酸还原而成，鱼油因为含有大量的多不饱和脂肪酸，在制备高度不饱和醇方面有明显的优越性，制备方法主要有高压氢化法和金属钠还原法。鱼油与浓硫酸作用的产物即硫酸化油，最初应用于土耳其红染料，后来也应用于其他染料及皮革上光。

　　鱼肝油制品包括鱼肝油滴剂、鱼肝油胶丸、麦精鱼肝油、乳白鱼肝油、橙汁鱼肝油、鱼肝油酸钠注射液等产品。

鱼油微胶囊

　　鱼油微胶囊是以鱼油为基料，用壁材通过特定的工艺将鱼油包埋后制成粉末状的鱼油产品。

　　鱼油微胶囊既保持了鱼油的固有特性，又弥补了液态鱼油的不足之处，还增加了一些新的特性。鱼油微胶囊的出现，推动了鱼油制品工业生产朝着方便化、营养化和功能化方向发展，为人们提供了取用方便、性质稳定且营养价值高的优质产品。

常用的壁材有碳水化合物和蛋白质两大类型。鱼油微胶囊的制备通常采用喷雾干燥法、复凝聚法、锐孔－凝固浴法、包结络合法等。鱼油微胶囊具有使用方便，便于称量、包装和存放；便于与其他物料均匀混合；稳定性好，抗氧化能力强；添加方便，经长时间保存，状态不变；水溶性好，易乳化分散于水中，保持稳定的乳化状态；消化吸收率高；油溶性物质可同时包埋在鱼油微胶囊中等特点。

研究表明，鱼油具有预防心血管疾病、降血压、降血脂和胆固醇、抑制血小板凝结、预防老年痴呆、保护视力、增强记忆力、健脑益智、提高免疫力等作用，对癌症也有一定的抑制作用和抗炎作用。鱼油制品二十碳五烯酸（EPA）和二十二碳六烯酸（DHA）通常有 3 种存在形式，即甘油酸型、游离脂肪酸型和酯型。

氢化鱼油

氢化鱼油是经加氢过程使不饱和脂肪酸变为饱和脂肪酸的鱼油。

鱼油中含丰富的 C_{20} 与 C_{22} 等单不饱和与多不饱和脂肪酸，加氢后生成花生酸与山嵛酸，可增加油脂的稳定性，改善油脂的色泽。经加氢后可用于生产人造奶油及起酥油类食用产品，提高乳化能力和酥脆性，改善其氧化稳定性和延缓酸败，并容易保存和贮藏，即可延长食品的保质期。

氢化鱼油通常应用在煎炸食品、冷饮食品、仿乳类食品、预制类食品中。此外，以作为食品添加剂的原料、风味料和着色剂的载体，以及作为花生白脱、可可酱、芝麻酱的稳定剂使用。

氢化鱼油在加工过程中会产生一些反式脂肪酸，也会残留一些金属催化剂，这些物质对人体健康有影响。有研究表明，氢化油对人类健康的危害主要取决于氢化油中所含有的反式脂肪酸，反式脂肪酸对人体健康的危害主要表现在影响婴幼儿的生长发育，影响心血管系统，引发糖尿病及增加

氢化鱼油

患某些癌症（结肠癌、前列腺癌、乳腺癌等）的危险性，可造成大脑功能衰退、肥胖、肝功能失调等问题。

鱼　粉

鱼粉是由经济价值较低的低值鱼类或者鱼产品加工副产品，经蒸煮、压榨、干燥、粉碎加工而成的高蛋白质饲料原料。

鱼粉与水产动物所需的氨基酸比例最接近，添加鱼粉可以保证水产动物较快生长。如果把制造鱼粉时产生的蒸煮汁浓缩加工，做成鱼汁，添加到普通鱼粉里，经过干燥粉碎，所得鱼粉为全鱼粉。以鱼下脚料为原料制得的鱼粉叫粗鱼粉。鱼粉是养殖鱼类的主要蛋白质来源，是水产动物如鱼、蟹、虾等饲料蛋白质的主要原料。

常规鱼粉生产方法有直接干燥法、干压榨法、离心法、萃取法、湿

压榨法、新湿压榨法。

鱼粉根据原料性质、色泽分为白鱼粉（灰白或黄灰白色）、红鱼粉

和混合鱼粉（浅黑褐或浓黑色）；依
加工方式分为工船加工鱼粉和岸上加
工鱼粉；根据原料部位与组成分为全
鱼粉（以全鱼为原料制得的鱼粉）、
强化鱼粉（全鱼粉＋鱼溶浆）、粗鱼
粉（全鱼粉＋粗鱼粉）、混合鱼粉（调
整鱼粉＋鱼骨粉或羽毛粉）、鱼精粉

鱼粉产品

（鱼溶浆＋吸附剂）；根据鱼粉的品质分为全脂、半脱脂与全脱脂鱼粉；
根据工艺分为蒸汽干燥鱼粉与直火干燥鱼粉。

鱼粉制品

鱼粉制品是用一些经济价值低、鲜度较差甚至变质不能食用的鱼虾
类或加工的副产物为原料，经去油、脱水、粉碎加工制成的一种高蛋白
饲料原料。

根据来源，鱼粉可分为国产鱼粉和进口鱼粉；按原料性质、色泽，
鱼粉可分为普通鱼粉（橙白或褐色）、白鱼粉（灰白或黄灰白色，以鳕
鱼为主）、红鱼粉（橙褐或褐色）、混合鱼粉（浅黑褐或浓黑色）、鲸
鱼粉（浅黑色）和鱼粕（鱼类加工残渣）；按原料部位与组成，鱼粉可
分为全鱼粉（以全鱼为原料制得的鱼粉）、强化鱼粉（全鱼粉＋鱼溶浆）、
粗鱼粉（鱼粕，以鱼类加工残渣为原料）、调整鱼粉（全鱼粉＋粗鱼粉）、

混合鱼粉（调整鱼粉＋肉骨粉或羽毛粉）、鱼精粉（鱼溶浆＋吸附剂）。

鱼粉制品主要包括饲料鱼粉、浓缩鱼蛋白、水解鱼蛋白粉、液状饲料等。

◆ 饲料鱼粉

鱼粉的主要成分是蛋白质，其次是水分、脂肪、少量的矿物质及维生素。与植物蛋白质相比，鱼粉蛋白质消化性能好，氨基酸齐全，特别是富含赖氨酸、蛋氨酸。矿物质主要是钙和磷，其次为氯、钠、钾、镁，还有一些微量元素，如铁、碘、硒、锌、铜、锰、钴等。其中磷酸钙和微量元素量是植物饲料的数倍至数十倍，维生素主要是 A 族、D 族和 B 族。因此，鱼粉可作为陆生动物畜、禽及海洋动物鱼类养殖业的高级饲料，也可作为微生物发酵工业的原料。

◆ 浓缩鱼蛋白

浓缩鱼蛋白又称食用鱼粉。分为两类，一为通常的浓缩鱼蛋白，二为液化浓缩鱼蛋白。通常的浓缩鱼蛋白是由鱼经脱水脱脂加工而成，具有高度营养价值的蛋白质补充食品。浓缩鱼蛋白制品有 3 种类型：A 型浓缩鱼蛋白是无腥、无味、颜色浅淡、蛋白质含量很高、脂肪含量极低的粉状制品；B 型浓缩鱼蛋白是带有腥味、颜色较深、蛋白质脂肪含量较高的粗粉状制品；液化浓缩鱼蛋白是应用微生物或酶水解蛋白质使鱼体液化，然后浓缩干燥成粉，易溶于水。浓缩鱼蛋白可直接食用以克服由于缺乏蛋白质而引起的营养不良症。此外，还可掺入其他食物作为食品强化剂。

◆ **水解鱼蛋白粉**

用酶法水解低值鱼类得到的水解蛋白。生产操作方便、设备简单，产品功能特性及营养价值优良，可以加工成具有保健或治疗作用的功能性食品。

◆ **液状饲料**

以鱼或制造鱼粉时所得压榨液制成的液状产品。包括浓（缩）鱼汁和鱼贮饲料。浓（缩）鱼汁有两类产品：①由制造鱼粉时压榨过程中所得压榨液经脱脂浓缩而成，产品为黏稠状液体，其中固形物约占50%。②用鱼类或其加工废弃物经蒸煮、发酵、浓缩制成。用麸皮等吸收干燥制成的粉状产品称为可溶鱼蛋白饲料。浓（缩）鱼汁一般呈黄褐色，略带鱼腥味，主要含可溶性蛋白质、非蛋白氮、水溶性维生素（特别是B_{12}）和矿物质等。蛋白质含量较低，且氨基酸组成不平衡，主要用于增补植物性饲料中维生素、矿物质的不足。鱼贮饲料是一种深褐色的浓稠液体，又称液化饲料。以鱼类或其加工废弃物为原料，在应用甲酸等酸类抑制其腐败的同时，通过原料本身带有的酶和微生物的水解作用制成，制造过程中未经加热，蛋白质和维生素无损失，故作为饲料有较高营养价值。加工简单，但因运输不便，适于渔区就地加工使用。

第 2 章

乳及乳制品

乳

乳是哺乳动物分娩后从乳腺分泌的白色或微黄色液体。

有香味、富营养、易消化，是哺育初生幼小动物的必需食物。动物乳通常指牛乳，可供人直接饮用，或加工制成奶油、干酪、炼乳和奶粉等乳制品，都是人类所需营养的重要来源。除牛以外的其他家畜如山羊与绵羊等的乳在某些地方也是人的重要食物，其名称通常是在"乳"字前面冠以该动物的名称，以与牛乳相区别。

◆ 历史

南亚和欧洲人在公元前 6000 年就已饮用牛乳。公元前 3500 年前后，美索不达米亚人曾将牛乳称颂为女神，在英国博物馆中至今还保留着表明当时进行牛乳加工的石碑。与此同时，埃及和印度也已开始加工奶油和干酪。中国在 2000 多年前就有"奶子酒"的记载。北魏贾思勰著《齐民要术》中汇集了"乳酪""干酪"和"马酪"等加工方法，13 世纪的《马可·波罗游记》也叙述过元代军队以干燥乳制品作军用食粮的情景，至于以游牧为生的少数民族则对乳和乳制品的利用历史更为悠久。云南的乳饼、乳扇，内蒙古的奶皮子、奶豆腐、奶子酒和藏族的酥油等，都是传统产品。

19 世纪，乳制品进入工业化生产时期。1851 年，美国建立了第一个干酪工厂和冰激凌工厂。1856 年，一种可长期保存的甜炼乳问世。1877 年，瑞典和丹麦都制造出奶油分离机，从此可以机械化生产奶油。1901 年，德国首先用喷雾法制造乳粉。1908 年，日本生产出酸奶。1939 年，德国用连续法生产奶油。1946 年，美国开始工业化生产无菌灌装的全脂灭菌牛乳。1948 年，开始采用超高温工艺进行牛乳灭菌。1971 年，开始应用超滤和反渗透技术处理乳清。

在中国，1924 年宇康炼乳厂建于浙江瑞安，1926 年百好乳品厂在浙江温州建成，1928 年浙江海宁成立西湖乳品公司。1949 年以后中国的乳品工业开始快速发展。截至 2023 年，全国共有规模以上乳制品企业 600 多家，主要分布在黑龙江、内蒙古、甘肃、陕西、青海等地区，以及北京、上海、天津等城市。

◆ 化学组成

牛乳的组成受品种、个体、年龄、泌乳期、季节和饲料等的影响，其中脂肪的变化最大，蛋白质次之，乳糖较为恒定。乳品加工的质量标准过去多突出脂肪含量，这与脂肪越多乳香味越浓有关。现在则主要取决于干物质，因干物质含量越高，则蛋白质、脂肪、乳糖、无机成分、维生素和酶等营养成分也相应增多。分述如下。

蛋白质

乳中蛋白质的总含量占 2.7% ～ 3.3%，其中酪蛋白约占 78%、白蛋白约占 10%、球蛋白约占 6%，其他低分子蛋白约占 6%。乳中的酪蛋白与钙形成酪蛋白酸钙，并与磷酸钙等盐类结合成复合物，以酪蛋白胶粒（直径 40～280 纳米）状态分散在水中。酪蛋白对酸不稳定，乳中加酸达等电点时（pH4.6）其结合盐类游离，形成不含盐类的白色酪蛋白沉淀，工业上称干酪素。这一特点对工业上的干酪素生产有重要意义。但鲜乳如被乳酸菌污染而产酸时，酪蛋白也就凝固而失去食用价值。所以鲜乳必须低温保存，以防止乳酸菌繁殖。乳中加入皱胃酶时，酪蛋白胶粒的稳定性被破坏而凝集，即由溶胶变成凝胶。可根据这一特性生产干酪、酸乳制品及食用干酪素等产品。白蛋白不含磷，溶于水，在酸或皱胃酶的作用下不沉淀，加热到 70℃ 以上时则变性而产生沉淀，故也称热变性蛋白。白蛋白在常乳中的含量约为 0.5%，初乳中可达 10%～12%。球蛋白在常乳中约含 0.1%，初乳中含 2%～15%，在酸性条件下加热到 75℃ 即沉淀。因其与乳的免疫性能有关，故也称免疫球蛋白。当乳的等电点调整到 pH4.6 时，酪蛋白被除去，而球蛋白与白蛋白留存在乳清中，约占乳清蛋白总量的 80%，故它们也被称为乳清蛋白。

脂肪

脂肪在牛乳中占 3%～5%，其中 97%～98% 为甘油三酸酯，呈微细球状分散在乳中。乳脂肪含有 20 多种脂肪酸，与其他脂肪比较，其中挥发性脂肪酸较多，不饱和脂肪酸较少，故水溶性挥发性脂肪酸值高（约 27）而碘价低（约 30）。乳脂肪的比重为 0.935～0.943，熔点为 28～38℃，凝固点为 15～25℃。可根据这些性质指标评定乳的质量和奶油的真伪。乳中尚有少量类脂质，其中磷脂类包括卵磷脂、脑磷脂和神经磷脂，共占 0.027%～0.086%，是构成脂肪球膜的重要成分，可使脂肪球以乳浊状存在于乳中；甾醇在乳中多呈游离状态，约占 0.01%。

乳糖

在正常乳中的含量约为 4.7%，是由 1 分子葡萄糖和 1 分子半乳糖结合而成的双糖。可分为 α- 乳糖水合物（即普通乳糖）、α- 乳糖无水物和 β- 乳糖 3 种。α- 乳糖的溶解度较低（20℃ 时 100 毫升水中可溶解 8 克），当其溶解于水后，徐徐变成 β 型，溶解度逐渐增加，直至达平衡状态。这时的溶解度称为最终溶解度（100 毫升水中溶解 19 克）。乳糖的溶解度和其达到平衡的时间随温度而异，温度越高，溶解度越大，达到平衡的速度越快。因此可利用温度与溶解度的关系来控制炼乳中乳糖结晶的大小。乳糖经乳糖酶分解而成单糖，经乳酸菌的作用生成乳酸。乳制品的产酸、凝固、产香等也都是由于乳酸菌对乳糖的发酵所致。

无机成分

通常用灰分来表示，其含量约为 0.7%，按盐类表示的含量约为 0.99%。牛乳的无机成分主要有钾、钠、钙、镁、磷、硫、氯等。此外还含有铝、锰、钼、锌、硼、溴、氟、碘、硅等微量成分。但铁和铜的含量过少，是牛乳营养价值上的缺点。乳中的无机成分在牛乳加工，特别是对乳的热稳定性有重要意义。如乳中的钙、镁含量与磷酸盐、柠檬酸盐之间不能保持平衡，在较低的温度下乳就凝固。

维生素和酶

牛乳中所含维生素，脂溶性的有维生素 A、维生素 D、维生素 E、维生素 K 及维生素 F（必需脂肪酸）；水溶性的有硫胺素、核黄素、维生素 B_6、烟酸、维生素 B_{12} 和抗坏血酸等。维生素 A 的含量与饲料中是否富含胡萝卜素有关。维生素 D 的含量较少，是牛乳营养价值上的又一缺点，但可通过家畜与阳光的经常接触而得到改善。维生素 B 类可由反刍动物的瘤胃合成。乳中的酶主要有 10 多种。可分为水解酶、还原酶和氧化还原酶 3 类，对于乳的营养价值、乳品的生产和质量检验都具有重要意义，如过氧化氢酶的活力可用以检验乳房炎，磷酸酶和淀粉酶可用来检验牛乳是否已经加热，还原酶对检测乳中细菌的数目具有重要作用，等等。

此外，乳中还含有非蛋白氮、以柠檬酸为主的有机酸、产生风味的成分、色素和细菌抑制物质等。

◆ **物理性质**

下述的物理性质对乳的质量检验和加工处理有重要意义。

色泽、滋味和气味

乳的不同颜色与其所含成分密切有关：白色是由酪蛋白胶粒和脂肪球等对光的反射所产生；淡黄色是由于乳脂肪中存在胡萝卜素和叶黄素；乳清的黄绿色则主要由核黄素所致。因此根据乳的颜色，可以大致判定牛乳的质量。乳的特殊香味是由于乳中存有挥发性脂肪酸和其他挥发性物质。甜味来源于乳糖。乳房炎乳因所含氯离子的浓度较高，故有咸味。此外，牛乳还容易吸收外界气味而变味，受细菌污染时也会产生各种异味。

酸碱度

正常乳的 pH 为 6.5 ～ 6.7，平均为 6.6。可根据 pH 的变化来检验乳的质量，当牛乳的 pH 超过 6.7 时，可认为是乳房炎乳。低于 6.5 时，可能含有初乳或已有细菌繁殖而使酸度升高。乳的酸度是衡量牛奶新鲜度的一项重要指标。

密度和比重

乳的平均密度为 1.03。比重随溶解或分散在乳中的物质的量而变化。蛋白质、乳糖、盐类的含量较恒定，因此脱脂乳的比重很少变化，而全乳的比重则易受脂肪的影响。比重降低可认为有加水的可能。

黏度和表面张力

乳的黏度因其中可溶成分和分散成分的影响而有不同，以酪蛋白的影响最大，脂肪和白蛋白次之；同时也受杀菌、均质处理等的影响。因此可根据黏度检验液状乳制品和浓缩乳制品的质量。黏度与温度成反比。正常乳的黏度在 20℃ 时为 1.5 ～ 2.0 毫帕·秒。表面张力是鉴别乳中是否混有其他添加物的指标。牛乳的表面张力在 20℃ 时为 40 ～ 60 毫牛／米，比水的表面张力低，并可因温度或含脂率升高而下降。

比热容、冰点和沸点

比热容受温度的影响，为 0.93 ～ 0.96／克。冰点通常为 -0.565 ～ -0.525℃。乳中加水则冰点上升，每加 1% 的水，冰点约上升 0.0054℃，故可根据冰点大致推算加水量。在标准大气压下牛乳的沸点约为 100.55℃。

乳制品

乳制品是以生鲜牛（羊）乳及其制品为主要原料，经杀菌、浓缩、发酵等工艺制成的供人直接食用或作为其他食品配料与原材料的产品。

乳制品依据组织状态、理化性质、营养成分、制造工艺的不同分成七类：液态乳、乳粉、炼乳、干酪、乳脂肪、乳冰激凌和其他乳品。

液态乳分为全脂乳、脱脂乳、调制乳和发酵乳。全脂乳为乳汁经加工制成的液态产品，未脱脂；脱脂乳为乳汁经加工制成的液态产品，分离除去部分脂肪，包括半脱脂乳和全脱脂乳；调制乳包括以乳为原料，添加调味料、糖和食品强化剂等辅料制成的调味乳，以及为特殊人群制成的配方乳；发酵乳指以乳为原料，添加或不添加调味料等添加成分，接种发酵剂后经特定工艺制成的液态乳制品。

乳粉分为全脂乳粉、脱脂乳粉和调味乳粉。这3种产品均为粉状，其中全脂乳粉以乳为原料，不添加食品添加剂及辅料，不脱脂，经浓缩和喷雾干燥后制成；脱脂乳粉以乳为原料，不添加食品添加剂及辅料，脱脂，经浓缩和喷雾干燥后制成；调味乳粉以乳为原料，添加食品添加剂及辅料，脱脂或不脱脂，经浓缩和喷雾干燥后制成。

炼乳分为淡炼乳和甜炼乳。淡炼乳为以乳为原料，真空浓缩除去水分之后不加糖，经装罐灭菌制成的浓缩产品，质地黏稠；甜炼乳为以乳为原料，真空浓缩除去水分之后，加糖制成的浓缩产品，质地黏稠。

干酪包括天然干酪和再制干酪。天然干酪为用牛奶、奶油、部分脱脂乳或这些产品的混合物为原料，加入发酵剂与凝乳酶，乳蛋白质凝固后排出乳清，从而制成的新鲜或发酵成熟的乳制品；再制干酪为用一种或一种以上天然干酪，经粉碎、添加香料、调味料，加热熔化等工艺制成的产品。

乳脂肪分为稀奶油、奶油和无水奶油。稀奶油为以乳为原料、离心分离出脂肪，经杀菌处理制成的产品，乳白色黏稠状，脂肪球保持完整，脂肪含量为 25% ～ 45%；奶油指以乳为原料，破坏脂肪球使脂肪聚集得到的产品，为黄色固体，脂肪含量达 80% 以上；无水奶油为以乳为原料，分离得到黄油之后除去大部分水分产品，脂肪含量不低于 98%，质地较硬。

乳冰激凌类包括乳冰激凌和乳冰等。

其他乳制品包括干酪素、乳糖、乳清粉和浓缩乳清蛋白粉等。

乳制品的主要原料为牛奶、羊奶等，主要成分为水、脂肪、磷脂、蛋白质、乳糖、无机盐等。乳制品含有几乎人体所需的全部营养素及具有保健功能的生物活性物质，营养价值丰富。乳制品的蛋白质中包含人体所需的所有必需氨基酸，且钙磷比例适当，利于钙的吸收，是人体钙的优质来源。乳制品能提高免疫力、降低胆固醇、防治动脉硬化和心血管系统疾病、抗胃溃疡等；酸乳还有延年益寿、抑制肿瘤生长的作用。

配方乳

配方乳是以不低于 80% 的生牛（羊）乳或复原乳为主要原料，添加其他原料或食品添加剂或营养强化剂，采用适当的杀菌或灭菌等工艺制成的液体产品。

按照适用对象可将其分为婴儿配方乳、特殊配方乳、儿童学生配方乳、中老年配方乳等。

配方乳的生产工艺为：生牛（羊）乳或脱脂乳（酪蛋白与乳清蛋白粉）粉溶化后经过滤净化，加入脂肪、碳水化合物、矿物质等，再经过预热、均质、杀菌、冷却，即可灌装成成品。

配方乳的营养成分根据特定适用对象调整和优化，可以更好地满足消费者需求。

灭菌奶

灭菌奶是经特定的生产工艺完全破坏其中可生长的微生物和芽孢后的乳制品。

根据灭菌条件可将其分为超高温灭菌乳和保持灭菌乳。超高温灭菌乳为以生牛（羊）乳为原料，添加或不添加复原乳，在连续流动的状态下，加热到至少 132℃ 并保持 4～15 秒，再经无菌灌装等工序制成的液体产品；保持灭菌乳为以生牛（羊）乳为原料，添加或不添加复原乳，在密封容器内被加热到至少 110℃，保持 15～40 分钟，经冷却制成的液体产品。

灭菌奶的主要原料为生鲜牛乳或羊乳。由于受热时间短，灭菌奶营养物质破坏少，基本保持原有营养价值。主要成分与巴氏杀菌奶相似，主要由水、脂肪、磷脂、蛋白质、乳糖、无机盐等组成，但乳清蛋白变性率更高，氨基酸损失更多，可溶性含钙量少，维生素 B_1、维生素 B_{12} 等损失多。灭菌奶的外观及组织形态与巴氏杀菌奶基本相同。

巴氏杀菌奶

巴氏杀菌奶是以生鲜牛乳或羊乳为原料，经巴氏杀菌工艺制成的液体食品。

1855 年，法国微生物学家 L. 巴斯德在研究酒类发酵时，发现了酵母菌在发酵中的作用，进而认识到细菌是引起包括牛奶在内的所有食物腐败变质的原因。随后巴斯德在 1865 年发明了后来以他名字命名的"巴氏灭菌法"，并很快被广泛应用于牛奶加工领域。先将牛奶加热到六七十度，保持半个小时，可以杀灭其中的绝大多数细菌，然后冷却到 4 ～ 5℃ 保存，即可将牛奶的保质期延长至 3 ～ 10 天，最长可达 16 天，巴氏杀菌奶由此而来。

巴氏杀菌奶的生产工艺流程为：收乳→大罐冷藏贮存→缓冲缸→净乳→标准化→巴氏杀菌→均质→冷却→灌装。

巴氏杀菌奶处理方式相对温和，既能够达到安全饮用标准，又能最大限度保留鲜牛奶的营养和风味。

液态奶

液态奶是以生鲜牛（羊）乳为原料，经杀菌、灭菌、发酵等工艺制成的供人们直接食用的液体状产品。

液态奶按成品组成成分可分为全脂牛乳、强化牛乳、低脂牛乳、脱脂牛乳、花色牛乳等；按使用原料可分为生鲜牛奶、混合奶、还原奶、再制奶等；按加工工艺可分为巴氏杀菌奶、超巴氏杀菌奶、灭菌奶、酸奶等。

液态奶的主要原料是生鲜牛（羊）乳。液态奶的化学成分很复杂，至少有 100 多种，主要有水、脂肪、磷脂、蛋白质、乳糖、无机盐等。每 100 克牛奶约含水分 87 克、蛋白质 3.3 克、脂肪 4 克、碳水化合物 5 克、钙 120 毫克、磷 93 毫克、铁 0.2 毫克、维生素 A 140 国际单位、

维生素 B_1 0.04 毫克、维生素 B_2 0.13 毫克、烟酸 0.2 毫克、维生素 C 1 毫克。可供热量 28.9 万焦耳。

液态奶容易消化吸收、物美价廉、食用方便，人称"白色血液"。液态奶中的蛋白质主要是酪蛋白、白蛋白、球蛋白、乳蛋白等，是全价蛋白质，消化率高达 98%。所含的 20 多种氨基酸中有人体必需的 8 种氨基酸。乳脂肪是高质量的脂肪，品质最好，消化率在 95% 以上，且含有大量的脂溶性维生素。奶中的糖是半乳糖和乳糖，属于容易消化吸收的糖类。奶中的矿物质和微量元素都是溶解状态，且各种矿物质的含量比例，特别是钙、磷的比例合适，容易消化吸收。

乳　粉

奶粉是以生牛（羊）乳为原料，经加工制成的粉状食品。是一种营养价值高、储藏期长、方便运输的产品。

根据所用原料、原料处理及加工方式的不同，乳粉主要有以下几类：全脂乳粉是以鲜乳为原料，直接加工而成；脱脂奶粉是将鲜乳中的脂肪分离除去后用脱脂乳干燥而成；加糖奶粉是在乳原料中添加一定比例的蔗糖或乳糖后干燥加工而成；风味乳粉是在鲜乳原料中或乳粉中配以各种风味物质加工而成；功能性乳粉是指在乳粉中添加一定比例的功能活性因子经干燥后加工而成的能够调节人体生理机能、不以治疗疾病为目的、适宜特定人群食用的一类乳粉；婴幼儿乳粉是根据不同生长时期婴幼儿的营养需要进行设计的，以乳粉、乳清粉、大豆、饴糖等为主要原料，加入适量的维生素和矿物质以及其他营养物质，经加工后制成的粉状食品；配方乳粉是以新鲜牛（羊）乳为主要原料，添加其他营养素或风味物质，改变牛（羊）乳的营养成分构成或风味，以适合不同营养需要人群或不同口味消费者需要的乳粉。

标准化一般是对脂肪的含量进行调整。杀菌是将均质化后的原乳用热交换器进行杀菌冷却至 4 ～ 6℃。原料乳在干燥之前要经真空浓缩除去乳中 70% ～ 80% 的水分，有利于干燥。浓缩后的乳送入保温罐后，立即进行喷雾干燥。喷雾干燥后，立即将乳粉送至干燥室外冷却，包装后即为成品。

配方乳粉

配方乳粉是以新鲜牛（羊）乳为主要原料，添加其他营养素，改变牛（羊）乳的营养成分构成，以适合不同营养需要人群的乳粉。

配方奶粉是 20 世纪 50 年代发展起来的一种乳制品，主要针对婴儿的营养需要。初期的配方乳粉实为加糖奶粉；后来发展为添加各种维生素的强化奶粉；现已发展到母乳的特殊调制乳粉阶段，即以类似母乳组成的营养素为基本目标，通过添加或提取牛乳中的某些成分，使其在质量和数量上接近母乳。各国都在大力发展特殊的配方乳粉，配方乳粉已成为一些国家乳粉工业的主要产品，其品种和数量呈日益增长的趋势。

配方乳粉生产工艺同婴幼儿乳粉，只需注意按功能性成分的性质确定辅料添加方法：原料乳验收→预处理→预热→配料→添加脱盐乳清粉、植物油（脂溶性维生素）、矿物质、稳定性水溶性维生素等→均质→杀菌→浓缩→喷雾干燥→不稳定水溶性维生素等混合→包装→成品。

按照适用对象可以分成婴幼儿配方乳粉、早产儿配方乳粉、儿童学生配方乳粉、中老年配方乳粉等。

婴幼儿乳粉

婴幼儿乳粉是根据不同生长时期婴幼儿的营养需要进行设计的，以乳粉、乳清粉、大豆、饴糖等为主要原料，加入适量的维生素和矿物质以及其他营养物质，经加工后制成的粉状食品。营养结构与母乳相似，是婴幼儿较理想的代母乳食品。

19世纪之前，用于代替母乳喂养婴儿的食品多为米糊、麦糊和牛乳，未深入考虑营养素。19世纪末，生物学和医学的进步为母乳代用品的发展提供了基础。20世纪起，随着对牛乳成分、母乳成分及婴儿营养需要的不断认识，对婴幼儿乳粉的研究和开发迅速发展。

婴幼儿乳粉主要原料是牛乳、大豆、乳清粉、有机物、饴糖等。主要营养成分除钙、磷、铁、碘、锌等常规元素外，还加入了维生素 A、维生素 D、维生素 E、维生素 C、B 族维生素，以及母乳中特有的叶酸、泛酸等。婴幼儿乳粉的生产工艺为：鲜奶验收→净乳→降温贮存→配料→均质→冷却、暂存→杀菌、浓缩→喷雾干燥→接粉、贮粉→半成品检验→包装→成品检验→入库→出厂。

全脂乳粉

全脂乳粉是以新鲜牛（羊）乳为原料，不添加任何辅料制成的乳粉。全脂乳粉的脂肪含量 $\geqslant$ 26.0%，蛋白质含量 $\geqslant$ 23.5%。生产 1 千克全脂乳粉一般需要 8 千克鲜牛（羊）乳。全脂乳粉可添加 7～8 倍的水复原成牛（羊）乳供饮用，也可用于生产其他食品。

全脂乳粉的原料是牛乳或羊乳，基本保持了乳中原有的营养成分，包含 25%～27% 的蛋白质、36%～38% 碳水化合物、26%～40% 脂肪和 5%～7% 灰分（矿物质）。全脂牛乳粉含有牛乳中的优质蛋白质、脂肪、多种维生素及钙、磷、铁等矿物质，是适合天天饮用的营养佳品，可防止皮肤干燥及暗沉，也可补充丰富的钙质。

全脂乳粉的脂肪含量高，故热量较高，且贮藏保存过程中易受高温和氧化作用的影响使脂肪酸败变质，并且在高温潮湿条件下贮存时，容易产生褐变和结块现象。

冲调得到的全脂乳粉复原乳和生鲜牛乳的营养成分相似，酸度小于 18 吉尔里耳度（°T）。

全脂乳粉的基本生产工艺流程为：原料乳验收→预处理→预热杀菌→真空浓缩→喷雾干燥→出粉→冷却→筛粉→晾粉→包装→检验→成品。①原料乳验收和预处理。原料乳必须新鲜，不可混有异常乳，合格牛奶需进行过滤和净化等处理。②预热杀菌。目的是杀死乳中微生物并破坏酶活性。③浓缩。原料乳杀菌后应立即真空浓缩。一般浓缩至原料乳体积的 1/4 左右。④喷雾干燥。将过滤的浓缩乳由高压泵送至喷雾器或由奶泵送至离心喷雾转盘，喷成 10～20 微米的乳滴与热空气充分接触，进行强烈的热交换和质交换，迅速排除水分，瞬间完成蒸发、干燥。⑤出粉、冷却。喷雾干燥室内的乳粉需迅速连续地卸出及时冷却，以免受热过久，降低制品质量。出粉后应立即筛粉和晾粉，使制品及时冷却。

喷雾干燥乳粉应及时冷却至30℃以下。⑥包装。乳粉冷却后应立即用马口铁罐、玻璃罐或塑料袋进行包装。根据保存期和用途的不同要求，可分为小罐密封包装、塑料袋包装和大包装。

脱脂乳粉

脱脂乳粉是新鲜牛（羊）乳经奶油分离机分离脱去大部分乳脂肪，不添加其他任何辅料制成的乳粉。

脱脂乳粉的脂肪含量≤2%，蛋白质含量≥32%。生产1千克脱脂乳粉一般需用12千克鲜牛（羊）乳。脱脂乳粉主要用作其他食品的配料，如饼干、糕点、冰激凌等。脱脂乳粉的部分生产工艺流程与全脂乳粉相似。喷雾干燥工艺同全脂速溶乳粉，但因其蛋白含量高于全脂乳粉，为避免蛋白变性，尤其是乳清蛋白的变性，浓奶的浓度是达不到全脂浓奶的浓度（50%左右），一般只能达到40%多。浓奶浓度低，喷出的奶粉就较细，导致溶解性和吸湿性大。与全脂乳相比，脱脂乳粉热处理强度不大，不需要均质。基本工艺流程为：原料乳脱脂→脱脂乳验收→过滤、杀菌→真空浓缩→喷雾干燥→出粉→晾粉、筛粉→包装→检验→成品。

脱脂乳粉的脂肪含量小于2%，贮藏保存过程中不易受高温和氧化作用的影响使脂肪酸败变质，高温潮湿条件下贮存时不易产生褐变和结块现象，贮存期相对较长。热量较低，适合老人和高脂血人群食用。冲调复原得到脱脂乳，色偏白，味淡而不香，一般适用于制作饼干、糕点、面包和冰激凌等食品。

全脂加糖乳粉

全脂加糖乳粉是以新鲜牛（羊）乳为主要原料，添加蔗糖制成的乳粉。

全脂加糖乳粉的脂肪含量 ≥ 20%，蛋白质含量 ≥ 18.5%，蔗糖含量 ≤ 20%。生产 1 千克全脂加糖乳粉一般需要 6.5 千克鲜牛（羊）乳。特点是保持牛乳香味并带适口甜味。

全脂加糖乳粉的加工过程与全脂乳粉相似，基本工艺流程为：牛乳验收→标准化→杀菌→真空浓缩→过滤→喷雾干燥→出粉→冷却→筛粉→包装→成品检验→成品。加糖方法有：预热杀菌前加糖；包装前添加蔗糖细粉；将灭菌糖浆加入真空浓缩后的浓缩奶中；预热时加一部分，包装前再加一部分。具体方法取决于产品配方和设备条件。

调味乳粉

调味乳粉是以牛乳或羊乳（或全脂乳粉、脱脂乳粉）为主料，添加调味料等辅料，经浓缩、干燥（或干混）制成的、乳固体含量不低于 70% 的粉状产品。

对风味和部分营养成分做了调整，蛋白质不低于 16.5%（全脂乳粉）或不低于 22.0%（脱脂乳粉），脂肪不低于 18.0%。种类按辅料分类，市场上常见的品种有甜奶、可可奶（或巧克力奶）、咖啡奶、果味奶、果汁奶等。

不同调味乳粉生产工艺的共同部分为：原料奶验收→预处理→标准化→预热、均质、杀菌→浓缩→喷雾干燥→冷却→包装→成品。添加辅料的时机可根据调味乳粉的种类选择。

随着人们生活水平和营养意识的提高、乳品工业的发展和科学技术的进步，市场上调味乳粉产品越来越多，已发展为乳制品产业的主要产品。

乳清粉

乳清粉是以乳清为生产原料，经干燥制成的粉末状产品。

根据来源可将其分为甜乳清粉（pH5.9～6.6）和酸乳清粉（pH4.3～4.6）。生产硬质干酪、半硬质干酪、软干酪和凝乳酶干酪素获得的副产品乳清称为甜乳清；盐酸法沉淀制造干酪素制得

乳清粉

的乳清称为酸乳清。根据脱盐与否可将其分为含盐乳清粉和脱盐乳清粉。其中含盐乳清粉保留牛乳中绝大多数无机盐，灰分较高，制品有涩味，不宜用于儿童食品；脱盐乳清粉采用离子交换树脂法和离子交换膜法的电渗析法达到脱盐的目的，克服了上述缺点，拓宽了乳清粉的应用。根据蛋白质分离程度可将其分为高、中、低蛋白乳清粉。低蛋白乳清粉（渗析乳清粉）蛋白质含量为2.0%～4.0%；高蛋白乳清粉蛋白质含量为11.0%～14.5%。

乳清粉生产工艺流程为：乳清预处理→杀菌→浓缩→乳糖预结晶→喷雾干燥→冷却→筛粉→包装。

乳清粉在食品行业中可用于补充乳糖；在乳品、冷冻食品、焙烤、

休闲食品、糖果和其他食品中可用作经济的乳固形物；在高温蒸煮和焙烤中可强化色泽的形成，也可作为高温乳粉的替代品，对优质面包膨松起重要作用。

酸　奶

酸奶是以生鲜牛（羊）乳或乳粉为原料，经杀菌、接种嗜热链球菌和保加利亚乳杆菌（德氏乳杆菌保加利亚亚种）发酵制成的产品。

酸奶作为食品至少有 4500 多年历史。最初的酸奶可能起源于偶然的机会，空气中的乳酸菌进入羊奶，使羊奶变得更为酸甜适口，这就是最早的酸奶。牧人为了能继续得到酸奶，便将其接种至煮开后冷却的新鲜羊奶中，经过一段时间的培养发酵，便获得了新的酸奶。直到 20 世纪，酸奶才逐渐成为南亚、中亚、西亚、欧洲东南部和中欧地区的食物材料。20 世纪初，俄国科学家在保加利亚分离发现了酸奶的乳酸菌，命名为"保加利亚乳杆菌"。1919 年，西班牙企业家将奶酪的生产工业化。

1969 年，日本发明了酸奶粉。饮用时只需加入适量的水，搅拌均匀即可。

酸奶品种很多，工艺略有差异。典型的传统工艺是：以生鲜牛（羊）乳和乳粉为原料，经标准化（使乳固体含量达到 13%～16%）、杀菌、接种乳酸菌发酵剂后，于 43℃ 保温 4 小时，即凝结为酸奶。

酸奶按组织状态可分为凝固型酸奶和搅拌型酸奶两种；按脂肪含量可分为全脂酸奶、部分脱脂酸奶、脱脂酸奶；按添加辅料或不添加辅料可分为原味酸奶、调味酸奶、果料酸奶等。酸奶既保留了牛（羊）乳原有营养成分，又更易于消化吸收。牛（羊）乳经乳酸菌发酵后，蛋白质部分分解，甚至成为肽或氨基酸，可溶性氮增加，形成预备消化状态；部分脂肪受乳酸菌作用发生解离，变成机体易于吸收的状态；20%～30%的乳糖被转化为乳酸或其他有机酸，有利于钙的吸收，同时对肠道有保护作用，可以缓解乳糖不耐受程度。

圣代酸奶

圣代酸奶是在冰激凌上面点缀果酱、糖浆、糖霜、打发奶油、樱桃或其他水果制成的甜点产品。简称圣代。

圣代一般以原料命名，如巧克力圣代、菠萝圣代、什锦水果圣代、草莓圣代、樱桃圣代、水蜜桃圣代等；也可以地域命名，如夏威夷圣代等。

圣代酸奶有英式和法式两种：①英式圣代，冰激凌平放在玻璃杯或玻璃碟中，加新鲜果品和鲜奶油、红绿樱桃、华夫饼干制成。②法式圣代，一般用桶型高脚玻璃杯作为容器，除英式的材料外，还加入红酒或糖浆制成。

酸豆奶

酸豆奶是以豆浆为原料，添加或不添加发酵促进剂（牛奶或可供乳酸菌利用的糖类），经乳酸菌发酵制成的发酵豆制品。

酸豆奶营养丰富，含有18种氨基酸及丰富的钙、铁、锌等营养素。经过益生菌发酵，豆浆中的植酸含量降低了50%，低聚糖、脂肪氧化酶等大豆抗营养因子被乳酸菌产生的蛋白酶分解，从而提高了产品中铁、锌、钙等营养素的生物利用率。大豆蛋白经水解后转变成小分子短肽，更易被人体消化吸收。活性乳酸菌及其代谢产物能有效抑制人体肠道内有害菌的生长，可辅助治疗肠道有害菌引起的疾病，提高人体免疫力，增强抗病能力，降低血清中胆固醇含量。经乳酸菌发酵后口感风味改善，豆腥味明显减弱，具有醇厚、清新的酸香味，饮用后引起的肠胀气现象明显减少。

奶　油

奶油是一种油包水型乳状液。

分为动物性奶油和植物性奶油。动物性奶油指以乳和（或）稀奶油（经发酵或不发酵）为原料，添加或不添加其他原料、食品添加剂和营养强化剂，经加工制成的脂肪含量不小于 80.0% 的产品。植物性奶油指以植物油为原料，加入水、盐、奶粉等经加工制成的产品。

奶油主要用于涂抹面包直接食用或制作其他食品。根据制造工艺不同可将其分为甜性奶油、酸性奶油、无水奶油等。公元前 3000 多年前，古代印度人就已掌握了原始的奶油制作方法。公元前 2000 多年，古埃及人学会了制作奶油。后来，埃及的奶油制作方法由希腊和罗马人带到了欧洲；印度的奶油技术经中国和朝鲜传入日本。中世纪欧洲出现了手摇搅拌器，提高了从牛奶中提取奶油的效率。1877 年，瑞典和丹麦都制出了奶油分离机，从此可以机械化生产奶油。1882 年发明的由内燃机带动的奶油分离机，进一步提高了分离效率，为奶油生产的机械化开辟了道路。

奶油加工过程中都会发生油包水型乳状液向水包油型乳状液的相转化过程。具体生产工艺流程为：牛乳→分离→稀奶油→杀菌→发酵或不发酵→成熟（2℃，2～4小时）→搅拌→排出酪乳→奶油粒洗涤→加盐→压炼→包装→成品。

奶油的原料是牛乳或稀奶油，较油腻，热量高，62%的脂肪为饱和脂肪酸。每30毫升淡奶油中，水分占77.5%，另含蛋白质0.8克、脂肪4.6克、碳水化合物1.2克和胆固醇16毫克；每30毫升发泡奶油中，水分占59.6%，另含蛋白质0.6克、脂肪10.6克、碳水化合物0.8克和胆固醇38毫克。

天然奶油淡黄、光滑，油切开后应清洁，无油渍。奶油的黄色主要是脂溶性的β-胡萝卜素产生的。成品奶油在-20℃、10℃和20℃的贮藏条件下可分别保存2年、20天和10天。奶油贮藏时必须密封、避光，防止水分蒸发和氧化反应。

奶油的力学性质，如延展性和可塑性，主要来自脂肪相的结构和热物理性质。奶油中的脂肪以液态脂肪和脂肪结晶复合基质形式存在，易于彼此黏合而形成网状结构，冷藏温度下易打发。

动物性奶油用于西式料理，可以起提味、增香的作用，还可使点心更加松脆可口。植物性奶油多用于蛋糕裱花等。鲜奶油广泛用于制作冰激凌、装饰蛋糕、烹饪浓汤、冲泡咖啡和茶等。

奶油中含有多种饱和脂肪酸，可能增加患心脑血管疾病的风险，不宜多食。冠心病、高血压、糖尿病，动脉硬化患者忌食；孕妇和肥胖者尽量少食或不食。

奶油制品

奶油制品是以奶油为原料加工制造出的产品。

根据制造方法不同可将其分为甜性奶油、酸性奶油、再制奶油、无水奶油（即黄油）、连续式机制奶油、涂抹奶油；根据加盐与否可将其分为无盐奶油、加盐奶油和重盐奶油；根据脂肪含量可将其分为一般奶油、无水奶油和用植物油代替乳脂肪的人造奶油。还有各种花色奶油，如巧克力奶油、含糖奶油、含蜜奶油、果汁奶油、乳脂肪 30% ~ 50% 的发泡奶油、打发奶油、加糖和加色的各种稠状稀奶油等。此外，中国少数民族地区特制的"奶皮子""乳扇"等属于独特的奶油制品。

奶油可以赋予食品良好的口感，如加入奶油的甜点、蛋糕和一些巧克力糖果；也可用于制作各种饮料，如用于制作咖啡和奶油利口酒等。根据不同产品设定条件，其生产工艺也不尽相同。

无水奶油

无水奶油是以乳和（或）奶油或稀奶油（经发酵或不发酵）为原料，添加或不添加食品添加剂和营养强化剂，经加工制成的脂肪含量不小于 99.8% 的产品。

第二次世界大战结束后，一些西方国家开始生产少量的无水奶油，主要用于烹饪、油炸和焙烤等。20 世纪 70 年代，无水奶油的生产迎来了一个迅速发展时期。在西欧，大量过剩的乳制品促进了乳品出口贸易，一些乳业不发达的国家成为出口目标，特别是中东、美国南部和中部及亚太地区。进口国希望得到可以长期保存的原料，以生产再制乳制品。

继脱脂乳粉和乳糖之后，无水奶油也成为国际贸易中重要的乳品原辅料。无水奶油的应用范围逐渐发展，同时，无水奶油的生产技术也得到了提高。

无水奶油的质量标准为：乳脂肪含量 ≥ 99.8%，水分 ≤ 0.1%，游离脂肪酸含量 ≤ 0.3%，铜含量 ≤ 0.05%，铁含量 ≤ 0.02%，过氧化值 ≤ 0.2%，质地光滑，结晶良好。

方法一：全乳—离心分离—含脂肪 40% 的稀奶油—离心预浓缩—稀奶油（75% 脂肪）—均质进行相转化—离心浓缩—奶油脂肪（99.5% 脂肪）—真空处理—无水奶油（99.8% 脂肪）。

方法二：全乳—离心分离—含脂肪 40% 的稀奶油—奶油制造（包括相转化）—奶油（80% 脂肪）—熔化保持—离心浓缩—奶油脂肪（99.5% 脂肪）—真空处理—无水奶油（99.8% 脂肪）。

无水奶油可被加工成三种品质不同的类型：①无水乳脂。必须含有至少 99.8% 的乳脂肪，且须由新鲜稀奶油或奶油制成，不允许含有任何添加剂（如用于中和游离脂肪酸的添加剂）。②无水奶油脂肪。须含至少 99.8% 的乳脂肪，但可由不同贮期的奶油或稀奶油制成。允许用碱中和游离脂肪酸。③奶油脂肪。须含至少 99.3% 的乳脂肪，原材料的详细要求同无水奶油脂肪。

涂抹奶油

涂抹奶油是具有良好的涂抹性能的一类奶油产品。

根据脂肪含量不同，涂抹奶油可分为乳制涂抹奶油、中低脂乳制涂抹奶油、低脂乳制涂抹奶油、特低脂乳制涂抹奶油等。涂抹奶油的组成包括液体脂肪连续相（包括固体脂肪结晶）、脂肪球和水相。当固体脂肪的含量为 20% ～ 30% 时，奶油具有良好的可塑性，即涂抹性能佳，20℃ 时以水包油型的固态形式存在。

现代工业化生产无水奶油开始于第二次世界大战期间，当时大量工业化生产的无水奶油被作为涂抹奶油提供给军队。20 世纪 70 年代后期，将植物脂加到稀奶油中形成人造奶油，再用标准奶油生产设备搅拌混合物，生产出含混合植物脂的涂抹奶油。

稀奶油

稀奶油是以乳为原料，分离出含脂肪的部分，添加或不添加其他原料、食品添加剂和营养强化剂，经加工制成的脂肪含量 10% ～ 80% 的产品。

稀奶油通常按生产方式、脂肪含量以及用途用量分类。可以分为轻脂稀奶油（如咖啡稀奶油）、重脂稀奶油、半脂稀奶油、低脂稀奶油、一次分离稀奶油、二次分离稀奶油、发泡稀奶油、酸性稀奶油、甜稀奶油、蛋糕稀奶油等。

稀奶油中脂肪含量 10% ～ 80% 不等。以脂肪含量 30% 的稀奶油为例，其主要成分为：脂肪约 30%、水约 64%、蛋白质 2.3%、乳糖 3.4%、矿物质 0.3% 及其他物质（维生素、酶类、微量元素、有机酸等）微量。

生产工艺与液态乳的生产工艺基本相同。一般从牛乳中分离出脂肪，达到所需要的脂肪含量后进行热处理，并采用适当的包装以保证食品安全。

炼 乳

炼乳是原料乳经真空浓缩除去大部分水分后的半液体状乳制品。

炼乳分为淡炼乳、甜炼乳和调制炼乳。淡炼乳为黏稠状产品，以生乳和（或）乳制品为原料加工制成，添加或不添加食品添加剂和营养强化剂。甜炼乳为黏稠状产品，以生乳和（或）乳制品、食糖为原料加工制成，添加或不添加食品添加剂和营养强化剂。调制炼乳为黏稠状产品，以生乳和（或）乳制品为主料加工制成，添加或不添加食糖、食品添加剂和营养强化剂，添加辅料。

生产炼乳时，原料乳的标准化主要是脂肪的标准化，一般加糖62.5% ～ 64.5%，在炼乳的生产中主要采用真空浓缩，即减压加热蒸发。合适的冷却条件可防止甜炼乳变稠、褐变、控制乳糖结晶，赋予产品良好的组织状态和稳定性。淡炼乳当日装罐需冷却到 10℃ 以下。

淡炼乳

淡炼乳是将牛乳经标准化、预热、浓缩至原体积的 1/（2.2 ～ 2.5）、装罐、灭菌制成的产品。又称全脂无糖炼乳、蒸发乳。

淡炼乳外观呈稀奶油状，乳固体含量 ≥ 25%（其中蛋白质含量 ≥ 6%，脂肪含量 ≥ 7.5%），水分含量 ≤ 75%。由于无糖炼乳经过灭菌，细菌基本被杀死，达到商业无菌状态，室温下保存期可长达半年以上。品质优良的淡炼乳应组织细腻，质地均匀，黏度适中，无脂肪游离，无沉淀，无凝块，无外来杂质，呈乳白（黄）色，颜色均匀，有光泽。

◆ 生产工艺

淡炼乳的生产工艺流程为：原料奶验收→预处理→标准化→预热杀菌→浓缩→均质→冷却→装罐、封罐→灭菌→振荡→保温检验→包装。

因须经高温灭菌，原料奶检验的酒精试验须使用 75% 的酒精，还须做热稳定性试验。新鲜、均质的牛奶移除 60% 的水后，再经冷冻、平衡、装罐和灭菌。通常 115 ～ 118℃ 商业灭菌 15 分钟，高温使炼乳略带焦糖味，显出比新鲜牛奶稍深的颜色。

淡炼乳的生产工艺与甜炼乳的主要差异有三点：①不加糖；②浓缩后进行均质；③装罐后还要进行灭菌处理。

◆ 食用方法

淡炼乳用途较广，可加水冲调后饮用，也用于冲调可可、红茶、咖啡，还可用于制作色拉或冰激凌、麦乳精等的原料。产品适当添加了维生素 D，有助于人体骨骼的生长，弥补牛奶中维生素 D 含量不足的缺陷，故也可以喂食婴孩。

甜炼乳

甜炼乳是牛乳中添加约 17% 的蔗糖后，经杀菌、浓缩至原体积的38% 左右而制成的黏稠的半液体状乳制品。又称全脂加糖炼乳。

甜炼乳呈黄色，具有蛋黄浆的外观。乳固体含量 ≥ 28%（其中蛋白质含量 ≥ 6.8%，脂肪含量 ≥ 8.0%），蔗糖含量 ≤ 45%。甜炼乳由于含糖量高，渗透压较大，可抑制细菌生长，室温下保存期可长达 9 个月以上。

甜炼乳生产工艺为：原料奶验收后经预处理、标准化，加入糖浆，经预热、均质、杀菌、真空浓缩、冷却结晶，装入灭菌包装罐、封罐，包装检验后即成成品。

甜炼乳主要用作饮料及食品加工的原料，一般供佐餐用，添加于咖啡、红茶，也用于制作冰激凌、糖果和糕点。以往甜炼乳曾普遍地用于哺育婴儿。随着营养学的发展，已证明甜炼乳蔗糖含量过多，不宜用于哺育婴儿。

干　酪

干酪是在乳中加入适量的乳酸菌发酵剂和凝乳酶，使蛋白质凝固后，排除乳清，将凝块压成块状而制成的产品。

干酪是一种古老食品，根据记载，在罗马帝国时期干酪生产已是一种成熟的行业。中世纪后期到 19 世纪后期，干酪制作在欧洲各国继续发展，且各具特色。1815 年，第一家干酪生产工厂在瑞士诞生，但干酪真正大规模生产是在美国。20 世纪 60 年代，凝乳酶大规模批量生产，到凝乳酶的微生物纯培养生产，意味着干酪将更加规范地大规模生产。

干酪有多种口味、质地和形式。世界上干酪种类有 800 多种，主要分布在欧洲、美洲和大洋洲的澳大利亚、新西兰等国家和地区。根据水分含量可将其分为硬质（水分含量 30% ～ 50%）、半硬质（水分含量 40% ～ 50%）、软质（水分含量 50% ～ 70%）和特软干酪（水分含量 80%）4 种。制成后未经过发酵的称新鲜干酪；经发酵成熟而制成的称成熟干酪，这两种干酪统称天然干酪。用一种或一种以上的天然干酪，经粉碎，添加香料、调味料，加热熔化而制成的产品称为再制干酪。也可依据其成熟的特征或干物质中的脂肪含量来分类。

干酪的主要原料是乳，通常以奶牛、水牛、山羊或绵羊为乳源。干酪可将原料乳中的蛋白质和脂肪浓缩10倍，营养丰富。干酪中还含有糖类、有机酸、钙、磷、钠、钾、镁等微量矿物元素，铁、锌及脂溶性维生素A、胡萝卜素和多种水溶性的B族维生素（如烟酸、泛酸）、生物素等多种营养成分，这些成分具有多种重要的生理功能。干酪中的蛋白质发酵后，经凝乳酶及微生物中蛋白酶的分解作用，变成氨基酸、肽及胨等，容易消化吸收。干酪生产过程中，大多数乳糖随乳清排出，余下的变成乳酸，故奶酪是乳糖不耐症和糖尿病患者可选营养食品之一。干酪是补钙的理想食品之一，丰富的钙、磷等可以保护牙齿的珐琅质，帮助预防蛀牙。

天然干酪

天然干酪是用牛奶、奶油、部分脱脂乳或这些产品的混合物为原料，加入发酵剂与凝乳酶，乳蛋白质凝固后排出乳清，制成的新鲜或发酵成熟的乳制品。

天然干酪主要生产工艺流程一般通用：原料乳→标准化→杀菌→冷却→添加发酵剂→调整酸度→加入添加剂→加色素→加凝乳酶→凝块切割→搅拌→加温→排出乳清→成型压榨→盐渍→上色挂蜡→包装→贮存。生产特殊品种的干酪时，可采用某些特殊的处理方法。根据加工工艺、组成及微观结构可将其分为酸凝鲜干酪、酶凝鲜干酪、加热酸凝干酪、软质成熟干酪、半硬质水洗干酪、硬质干酪（低温）、硬质干酪（高温）七大类。

再制干酪

再制干酪是用一种或一种以上天然干酪，经粉碎、添加香料、调味料、加热熔化等工艺制成的产品。又称加工干酪、熔化干酪或重制干酪。

19 世纪末，天然干酪的工业化生产在北美、西欧和澳大利亚起步。但是受保藏运输条件的限制，干酪运输困难。直到 1900 年，荷兰和德国的生产者将半硬质干酪和软质干酪经过巴氏杀菌处理以后封装在盒中，解决了部分问题，但此法使得硬质干酪的结构在处理过程中受到破坏，并伴随脂肪和水分析出。1911 年，瑞士干酪生产者 W. 格伯在干酪中添加柠檬酸盐，发明了再制干酪，最终解决这一难题。

再制干酪的生产工艺包括天然奶酪的选择和破碎（选择天然奶酪需注意其成熟期、pH、风味和完整酪蛋白含量）、乳化盐的选择、其他成分的配比和估算（要符合政府法规中规定的成品水分含量、脂肪含量、盐的含量和 pH）、加热和混合、包装、冷却和贮藏等。具体工艺流程为：原料选择→原料干酪清洗→切割→细分切割→称重→搅拌→混合→加热熔化→包装→冷却→储藏→成品。

再制干酪分为巴氏杀菌再制干酪、巴氏杀菌涂抹型再制干酪和巴氏杀菌再制干酪食品。除以上三大类外，还有一类再制干酪未下定义，即再制干酪产品，其成分与其他的再制干酪类似，但不允许在配方中使用某些成分（如牛乳蛋白浓缩物）。

契达干酪

契达干酪是将乳用凝乳酶酸化和浓缩后形成凝胶而生产的硬质成熟干酪。因原产于英国的契达村而得名。因现在美国大量生产，故又称美国干酪。契达干酪主要包括淡味契达、半成熟契达、成熟型契达、过度成熟型契达和加工型契达等。

契达干酪中水分含量应≤39%，脂肪含量应占总干物质含量的48%以上。成熟或过成熟的契达干酪水分含量通常为33%～35%，氯化钠含量1.6%～1.8%，脂肪占干物质总量的52%～54%，pH为4.95～5.25。

契达干酪香味浓郁，色泽呈白色或淡黄色，质地光滑，组织致密，质硬，不易弯曲和破碎，内部金黄色。

传统制造契达干酪的方法以人工操作为主，生产工艺为：原料乳→热处理→发酵剂发酵→凝乳酶凝乳→切割→搅拌和漂烫→沉积→排乳清→质构化→磨碎→加盐→上箍→预压→压榨→挂蜡。

契达干酪可用于制作面包和饼干。一般人群均可食用契达干酪，但糖尿病 / 高血压患者不宜食用。

埃门塔尔干酪

埃门塔尔干酪是15世纪中叶起源于瑞士埃门塔尔的成熟硬质干酪。

有弹性，可切成薄皮，且不黏。明显特征是带有孔洞数量不等，大小从樱桃大到核桃大不等（直径通常为1～5毫米）。允许有少数开口和裂口。通常制作成轮状和块状，重量为40千克及以上，但各国在其

领域内允许制作成其他重量。可有
或无干硬外皮。主要风味是味淡，
味似坚果，有或多或少的甜味。

埃门塔尔干酪内有大小不等的空洞

这种"最初的瑞士埃门塔尔
干酪"以农村小奶牛场生产的生牛
奶为主要原料，添加天然配料（水、
盐、天然的发酵剂和凝乳酶等）制作而成，不允许添加食品防腐剂及转
基因物质；然后用天然皮包裹，在传统的窖中放置发酵至少4个月。使
用产乳酸的嗜热菌进行初次（乳糖）发酵；再通过产丙酸的细菌进行二
次（乳酸）发酵。一般需经过三个发酵阶段：第一阶段，传统发酵，需
4个月；第二阶段，成熟，需8个月；第三阶段，后期成熟，需14个月。
一般根据要求的成熟度，在10～25℃熟化两个月以上。也可采用其他
熟化条件（包括添加促熟酶），只要干酪可以呈现出与上述熟化程序所
达到的类似的物理特征、化学特征和感官品质即可。用于进一步加工的
埃门塔尔干酪不需要达到同样的熟化程度，只需满足工艺或贸易要求。
凝乳在切割后进行加热，加热温度显著高于凝固温度。

乳制饮料

乳制饮料是以鲜乳或乳制品为原料（经发酵或未经发酵）加工制成
的制品。

根据生产工艺可分为配制型乳制饮料和发酵型乳制饮料。①配制型
乳制饮料。以鲜乳或乳制品为原料，加入水、糖、酸味剂等调制而成。

成品中蛋白质含量不低于 1.0%（m/V）的称乳饮料；蛋白质含量不低于 0.7%（m/V）的称为乳酸饮料。②发酵型乳制饮料。以鲜乳或乳制品为原料，在经乳酸菌培养发酵制得的乳液中加入水、糖等后，再调制而成。成品中蛋白质含量不低于 1.0%（m/V）的称乳酸菌乳饮料；蛋白质含量不低于 0.7%（m/V）的称乳酸菌饮料。

乳制饮料价值较低，但品种和口味多，成本低廉，盈利空间大，是城市型企业重要的发展方向之一。

乳酸饮料

乳酸饮料是在乳或乳制品的基础上添加其他成分的含乳饮料。又称乳（奶）饮料、乳（奶）饮品。含乳饮料可分为配制型和发酵型。配制型含乳饮料以乳或乳制品为原料，加入水，以及白砂糖和（或）甜味剂、酸味剂、果汁、茶、咖啡、植物提取液等的一种或几种调制而成。

发酵型含乳饮料以乳或乳制品为原料，经乳酸菌等有益菌培养发酵制得的乳液中加入水，以及白砂糖和（或）甜味剂、酸味剂、果汁、茶、咖啡、植物提取液等的一种或几种调制而成，又称酸乳（奶）饮料、酸乳（奶）饮品，如乳酸菌饮料。根据是否经过杀菌处理，又可将其分为杀菌（非活菌）型和未杀菌（活菌）型。

优酸乳添加的维生素 A 和维生素 D 可提高免疫力，帮助更好地吸收钙质；铁和锌可促进营养均衡吸收，有助健康成长；牛磺酸可促进营养物质的吸收等。优酸乳并非发酵型酸奶，而是含奶饮料，牛奶含量较少，只含三分之一鲜牛奶，配以水、甜味剂、果味剂等，所以蛋白质含量只有不到 1%，营养价值低于酸奶。

奶　酒

奶酒是以动物乳、乳清或乳清粉等为主要原料，经发酵等工艺酿制而成的饮料酒。又称乳酒。传统的发酵型奶酒有内蒙古牧区的酸马奶酒、起源于高加索地区的开菲尔（牛奶酒）和库密斯（马奶酒）等。

◆ 历史

发酵奶酒起源于欧亚游牧民族之中，盛行于蒙古族、鄂温克族和柯尔克孜族等游牧民族。中国人民通过发酵法制作奶酒的历史可追溯到西汉时期，细君公主在《悲愁歌》中提到乌孙人"穹庐为室兮旃为墙，以肉为食兮酪为浆"。据《汉书》记载，汉代武帝时期就设有"挏马令"这一官职，汉代如淳注解为"主乳马，以韦革为夹兜，受数斗，盛马乳，挏取其上肥，因名曰挏马"。由此可见，西汉时期皇族就开始饮用奶酒，并将其奉为上品。北魏《齐民要术》中记载了用马奶和驴奶制作马酪的方法。两晋及隋唐时期突厥人也有饮用奶酒的习惯，《隋书·突厥传》记载了突厥人"饮马酪取醉，歌呼相对，敬鬼神"，在民族文化交流的过程中也将这一习惯传播到唐王朝。宋元时期，著名探险家马可·波罗在其所著《马可·波罗游记》中提到："鞑靼人饮马乳，其色类白葡萄酒，而其味佳，其名库米斯。"随着时代的变迁，中国的蒙古族仍保持饮奶酒的习惯，奶酒也是其民族招待来客的最高礼仪。

◆ 工艺

葡萄糖浆→纯鲜奶→除杂→奶油分离→蛋白提取→脱脂→混合→乳

清高温瞬时灭菌→冷却→发酵→蒸馏→调香→陈酿→成品。

◆ **营养价值**

奶酒中含有大量人体必需的维生素、氨基酸和矿物质，具有暖身驱寒、活血化瘀、开胃消食、降低胆固醇和血糖等生理功效。

发酵奶酒中微量元素含量亦十分丰富，烟酸的含量达到了药用水平。除了含有乳品本身含有的脂肪、蛋白质、乳糖、维生素及矿物质，发酵奶酒在发酵过程中还产生了乳酸、有机酸、有机酯、二氧化碳和少量酒精。

◆ **功能活性**

奶酒因其特殊的生产工艺和丰富的营养成分，具有一定的功能特性。

①暖身活血，缓解压力，控制血压。奶酒营养丰富，脂肪、蛋白、碳水化合物三大营养素的含量较高，且含有少量酒精，因此具有活血暖身的功效。蒙古人经常饮用马奶酒以滋补身体，缓解疲劳，还诞生了"酸马奶疗养法"。

②改善肠胃微生态。 方面，发酵奶酒中含有人量的活性乳酸菌及酵母菌，人在饮用后这些活菌会定居在人的消化道中，形成菌群优势，从而抑制病原菌和有害微生物的生长繁殖。另一方面，乳酸菌可以产生有机酸、细菌素、过氧化氢和双乙酰等多种天然抑菌物质，对肠道病原菌也有抑制作用。研究证明，奶酒具有改善人体肠胃微生态的作用。

③降低胆固醇和血糖。发酵奶酒中含有大量有机酸，以乳酸和乙酸为主，具有杀菌、抗病毒的功效。临床研究表明，饮用发酵奶酒具有显著的降血脂作用，饮用后总胆固醇平均下降28%，甘油三酯平均下降

31%。此外，饮用发酵奶酒可改善胰岛素的分泌功能，从而降低患者的血糖水平。

◆ **分类**

根据发酵和后处理方式，可分为发酵奶酒、蒸馏奶酒、勾兑奶酒、起泡奶酒和充气起泡奶酒。

勾兑奶酒：该产品以脱脂牛奶为原料，经过发酵或不发酵，以适当比例勾兑高纯度酒精、白砂糖及其他食品添加剂，经均质机均质后，生产成成品酒。酒精度一般在 20%（v/v）左右。

充气起泡奶酒：汽奶酒是以开菲尔奶为原料，人工填充二氧化碳或添加能产生二氧化碳的食品添加剂制成。乳清汽酒是由乳清酒勾调白砂糖、蜂蜜等甜味剂，人工填充二氧化碳制成的含碳酸气奶酒。

奶酒

奶 片

奶片是以液态奶、乳粉为主要原料，适当添加其他营养性辅料，混合压制成的片状乳制品。又称干吃奶粉或鲜奶干吃片。

奶片通过添加辅料，强化了营养素，富含蛋白质、乳脂肪、矿物质、维生素等营养成分，属于休闲食品。具有贮存、食用及携带方便的特点。奶片也衍生出纯鲜牛奶片、豆奶片、多维奶片等多个系列，以及清凉型、浓香型、果味型等不同口味。随着人们对益生菌保健功能的逐步认识，益生菌奶片逐渐成为国内的热点产品。但是中国针对奶片产品还没有统一的国家标准，奶片生产工艺较为单一，配方也无固定模式，其硬度、黏度、口感、甜味等指标也视消费者喜好或工艺需要而定，导致成品奶片质量参差不齐，影响了奶片产品的口碑及销量。未来应改进奶片的配料以增进口味多样化，设置生产标准，调整产品质量，优化生产工艺。

奶片

浓缩乳清蛋白

浓缩乳清蛋白是以乳清为原料，经分离、浓缩、干燥等工艺制成的蛋白含量在 75% ～ 90% 的粉末状产品。

浓缩乳清蛋白制备方法有超滤法、冷冻干燥法、喷雾干燥法等。冷冻干燥法设备昂贵，产品成本高且能耗大，工业应用受限。超滤法不能直接得到干粉制剂，一般只能得到蛋白质含量 10% ～ 30% 的溶液。而喷雾干燥法可以在短时间内实现产品的迅速干燥，提高产品的质量，在国外浓缩乳清蛋白中广泛应用。

浓缩乳清蛋白具有优良的营养特性，如可增强免疫功能，有利于心血管系统的健康，可作为儿童母乳化的功能食品，有利于肌肉健壮、增强体力、提高运动效果，可为乳糖不耐症、酪蛋白和谷蛋白过敏者提供优质蛋白，可减少皮肤皱纹和光老化，促进伤口愈合等。

第3章

蛋及蛋制品

蛋及其制品

养禽产蛋在中国已有数千年的历史，中国是蛋禽人工孵化较早的国家之一。中国再制蛋的生产历史悠久，早在 1314 年《农桑衣食撮要》收鹅、鸭蛋篇所述："每一百个用盐十两，灰三升，米饮调成团，收干瓮内，可留至夏间食。"据 1964 年焦艺谱氏《家禽和蛋》介绍，松花蛋成为商品，行销海内外已有 200 多年历史。

世界蛋品工业的发展已有百年历史，随着蛋品深加工技术的不断提高，逐步形成了专业化、机械化、规模化、集约化的生产模式。美国、日本、加拿大、意大利、澳大利亚、德国等发达国家的禽类养殖业和蛋制品加工业已形成现代化的大工业生产体系，经过初级加工或深加工的半成品、再制品和精制品及禽蛋为主要原料的新产品不断涌入市场。

依按照加工方法可将蛋制品分为再制蛋类、干蛋类、冰蛋类和其他类。按照加工流程可将蛋制品分为一次性加工成终产品蛋制品和需二次加工的蛋制品，前者有液体蛋、冷冻蛋、蛋粉等；后者有皮蛋、盐蛋、糟蛋等。

新生鸡蛋的内部通常是无菌的。蛋壳多孔，气体可进出鸡蛋，细菌也可通过蛋壳表面进入蛋内。美国及其他一些国家的食品法规规定，所有商业用去壳蛋都必须进行巴氏杀菌。处理后的鸡蛋必须呈沙门氏菌阴性并达到其他细菌的检测标准。

蛋及蛋制品含有大量磷脂质，其中约一半为卵磷脂，另外还有脑磷脂、微量的神经磷脂。这些磷脂质可促进脑组织和神经组织发育。蛋制品中还含有大量氨基酸，包括人体体内所不能合成的 8 种必需氨基酸。蛋制品的营养价值包括：有利于大脑发育、可增加肌肉量、有利于预防老年性眼病、保护肝脏、预防癌症等。

蛋制品是食品工业的重要原料，在轻工、纺织、皮革、造纸、医药等工业领域也有广泛应用。

禽　蛋

禽蛋是禽类产下的具石灰质硬壳、富有卵黄的大型羊膜卵。

主要由卵黄（蛋黄）、卵白（蛋白）和卵壳（蛋壳）构成。蛋黄是含大量卵黄颗粒的卵细胞，一端的胚盘是预定发育成胚胎的处所。成熟卵细胞自卵巢排出后，在输卵管上端受精。受精卵沿输卵管徐徐滚动下行，依次被由管壁分泌的蛋白、壳膜和蛋壳等包裹。蛋白中含有大量水分，供胚胎发育中新陈代谢的需要；其中的稠蛋白随卵细胞的滚动而在两端形成扭曲的系带。被系带悬着的卵细胞由于卵黄颗粒的重力，使胚盘总是朝上，有利于接受亲鸟孵卵。蛋壳是由 89% ～ 97% 的碳酸钙、少量盐类和有机物构成，其显微结构可分为内面乳头层、中间海绵层和外表闪光层，这 3 层结构的特点和成分，在不同种的鸟类间有显著差别。蛋壳表面有数以千计的小孔，称为"蛋孔"，可以透气；蛋孔的数目、形态等，在亲缘关系较近的类群之间有一定的相似性。

禽蛋壳上的色素主要是红褐色素和蓝绿色素，由于两者之间的不同比例，不同禽蛋的颜色不同。同种禽蛋的形状、大小和色泽相似，亲缘关系越近，卵的相似性也愈大。

禽类产满一窝卵的数目称"窝卵数"，每种禽类的窝卵数通常是一定的，亲缘关系较近的类群间常有近似的窝卵数。禽卵形状大多为鸡卵形，又称椭圆形卵。

毛 蛋

毛蛋是禽蛋孵化期间死亡或不能出壳的胚胎。毛蛋分为死胎毛蛋和活胎毛蛋两种。①死胎毛蛋。受精蛋在孵化的第 14～21 天，由于细菌或寄生虫感染造成的死胎。②活胎毛蛋。孵化过程中有意中止形成的毛蛋，又称活珠子。

与禽蛋相比，毛蛋中的蛋白质、脂肪、糖类、微量元素、维生素等营养成分已发生了很大变化，特别是死亡较早的胚胎，绝大部分营养已被消耗。据测定发现，毛蛋中除含有大肠杆菌、伤寒杆菌、葡萄球菌、变形杆菌、沙门氏菌外，还有寄生虫、寄生虫卵等，特别是有些毛蛋含有大量病菌及有毒有害物质，人食用后极易导致中毒、过敏。一般不建议食用。

鹌鹑蛋

鹌鹑蛋是鹌鹑的卵。又称鹑鸟蛋、鹌鹑卵。

近似椭圆形，外观小巧；每枚重 10 ～ 12 克。其外有一层硬壳，一般为灰白色或浅褐色，带有棕褐色和红褐色的斑块；内有气室、卵白及卵黄部分。优质的鹌鹑蛋色泽鲜艳、壳硬，蛋黄呈深黄色，蛋白黏稠。

鹌鹑蛋

鹌鹑蛋味道鲜美、营养丰富，有"卵中佳品"之称。中国传统医学认为，鹌鹑蛋具有补虚健胃、补益气血的功效。研究表明，每百克鹌鹑蛋含蛋白质 12.8 ～ 14.73 克，其中含有人体必需的 8 种氨基酸，必需氨基酸和非必需氨基酸比例合适，营养价值高，是蛋白质的优质来源。每百克鹌鹑蛋含脂肪 8.22 ～ 11.1 克，大多集中在蛋黄，不饱和脂肪酸含量丰富，容易被人体吸收。另外，鹌鹑蛋含有丰富的卵磷脂、脑磷脂、维生素 A、维生素 B_2、维生素 E 和铁等营养物质。适宜婴幼儿、孕产妇、病人及身体虚弱的人食用。但是，每百克鹌鹑蛋含胆固醇 0.52 ～ 0.87 克，略高于鸡蛋，血清胆固醇水平较高的老年人应适量食用。

鸭　蛋

鸭蛋是家鸭的卵。鸭蛋由蛋壳、壳膜、气室、蛋白、蛋黄、系带、胚珠或胚盘等组成。蛋壳质量较好，强度高，主要分为白色、绿色两种类型。受精蛋在一定条件下，可孵化成小鸭。孵化周期为 28 天，孵化期间温度相对鸡蛋的较低，在孵化的第 14 ～ 25 天为 37.4 ～ 37.6℃，26 ～ 28 天为 37.2 ～ 37.3℃。采用变温孵化时，应尽量减小孵化机内的温差，另外温度的调节应做到快速而准确（特别是孵化的前 3 天）。湿度可控制在 40% ～ 70%，适宜范围为 50% ～ 70%，出雏时以 65% ～ 75% 为宜，以利于雏鸭啄壳、出壳，防止雏鸭的绒毛黏在蛋壳上。鸭蛋孵化过程中，由孵化场进行喷雾洒水，具有晾蛋和增湿双重作用。喷水不仅可以散热降温，还可将蛋壳上的胶质薄膜洗去，提高蛋壳和壳膜的通透性，促进蛋壳、壳膜的收缩和扩张，从而改善气体交换和水分代谢，提高孵化质量。空气孵化室氧气含量不能低于 20%，二氧化碳含量应控制在 0.3% ～ 0.6%，最高不得超过 2%。翻蛋前期多翻（每昼夜 8 ～ 12 次），后期少翻（每昼夜 6 ～ 8 次），孵化至最后 3 天可停止翻蛋。翻蛋时转动的角度为 110 ～ 120°。

　　鸭蛋主要含蛋白质、脂肪、钙、磷、铁、钾、钠、氯等营养成分。每 100 克鸭蛋（可食部分）中含有水分 70.3 克、蛋白质 12.6 克、脂肪 13 克、灰分 1 克、碳水化合物 3.1 克、维生素 A261 微克、硫胺素 0.17 毫克、核黄素 0.35 毫克、钙 62 毫克、钾 135 毫克、钠 106 毫克、镁 13 毫克、铁 2.9 毫克、锰 0.04 毫克、锌 1.67 毫克、铜 0.11 毫克、磷 226 毫克、硒 15.68 微克、烟酸 0.2 毫克。

　　鸭蛋广泛用于咸蛋、皮蛋、月饼等食品生产。在中医上，鸭蛋还可以作为药物原料使用。

蛋制品

蛋制品是以禽蛋为原料加工而成的各种产品。

蛋分为鸡蛋、鸭蛋、鹅蛋或其他家禽产的蛋。蛋制品内含有大量的磷脂质，其中约有一半是卵磷脂，另外还有脑磷脂、微量的神经磷脂。这些磷脂质对促进脑组织和神经组织的发育有很好的作用。蛋制品中还含有大量的氨基酸，包括人体体内所不能合成的8种必需氨基酸。蛋制品的营养价值主要是有利于大脑发育、可增加肌肉量、有利于预防老年性眼病、保护肝脏、预防癌症、食疗作用。

◆ 分类

依照蛋制品加工方法不同可分为四类，即再制蛋类、干蛋类、冰蛋类和其他类。①再制蛋类。以鲜鸡蛋或其他禽蛋为原料，经由纯碱、生石灰、盐或含盐的纯净黄泥、红泥、草木灰等腌制或用食盐、酒糟及其他配料经糟腌等工艺制成的蛋制品，如皮蛋、咸蛋、糟蛋。②干蛋类。以鲜鸡蛋或者其他禽蛋为原料，取其全蛋或蛋白、蛋黄部分，经加工处理（可发酵）、喷粉干燥工艺制成的蛋制品，如巴氏杀菌鸡全蛋粉、鸡蛋黄粉、鸡蛋白片。③冰蛋类。以鲜鸡蛋或其他禽蛋为原料，取其全蛋或蛋白、蛋黄部分，经加工处理、冷冻工艺制成的蛋制品，如巴氏杀菌冻鸡全蛋、冻鸡蛋黄、冰鸡蛋白。④其他类。以禽蛋或上述蛋制品为主要原料，经一定的加工工艺制成的其他蛋制品，如蛋黄酱、色拉酱。

◆ 细菌侵染和巴氏灭菌

新生鸡蛋的内部通常是无菌的。蛋壳多孔，气体可进出鸡蛋，细菌也能通过蛋壳表面进入蛋内。常见的是沙门氏菌属细菌，感染很普遍，沙门氏菌属感染的鸡蛋已多次引起疾病的暴发。美国及其他一些国家的食品法规规定所有商业用去壳蛋都必须进行巴氏灭菌。蛋清或全蛋的巴氏灭菌法条件是：加热至 60 ~ 62℃，保持 3.5 ~ 4 分钟。巴氏灭菌过程可以变化，但处理后的鸡蛋必须呈沙门氏菌阴性并达到其他细菌的检测标准。人们还关注由于肠炎沙门氏菌感染得病的鸡群。肠炎沙门氏菌在鸡蛋产出前的形成过程中进入鸡蛋，当感染的鸡蛋未经充分蒸煮被食用后，会导致人患病，甚至死亡。

◆ **冷冻**

大量用于食品生产的鸡蛋通过冷冻保存。可将整蛋冷冻，也可分离成蛋清和蛋黄分别冷冻或将有特殊用途的各种蛋清和蛋黄的混合物冷冻。冷冻工艺是：收蛋、清洗、干燥、打蛋、混合去杂、巴氏灭菌、装罐、冷冻、包装、成品。冷冻通常在冷冻室里进行，循环气流温度为 -30℃，需要 48 ~ 72 小时。蛋黄不加添加剂不能冷冻，冷冻后会变得黏稠，称为胶凝。蛋黄冷冻时的胶凝过程可通过添加 10% 的糖（或盐）或 5% 甘油来防止。这些成分可在混合过程中或去杂前溶解到蛋黄里。含糖的蛋黄用于面包业、糖果业等；含盐的蛋黄产品可用于生产蛋黄酱等。

◆ **干燥**

巴氏消毒后的蛋清、蛋黄或全蛋可用喷雾干燥、托盘干燥、泡沫干燥或冷冻干燥等方法进行干燥。蛋白中含痕量葡萄糖，在干燥或其后的储存过程中，当温度比冰点高很多时，葡萄糖就会与鸡蛋中的蛋白质结合，发生美拉德褐变反应，导致干燥的蛋清变色。可采用酵母发酵去除葡萄糖的方法或采用商品酶制剂来防止褐变反应，即去糖化过程。这一步骤在全蛋清干燥前完成。

五香茶叶蛋

五香茶叶蛋是以鲜蛋为原料，添加茶叶、桂皮、八角、小茴香和食盐5种调味品制成的方便蛋制品。

制作方法：原料蛋洗净后煮至蛋清凝固，随后浸入冷水促使蛋壳分离；轻轻敲碎或揉碎蛋壳，但保持蛋壳膜完整。将蛋壳破碎而蛋壳膜仍完整的蛋和冲泡后的茶叶及调味料放入清水锅中煮熟。煮熟后再浸泡1～2小时，味道更佳。

制作过程中需注意：原料蛋须洗净，以避免带入污染物；煮蛋时火候不宜大，以避免鲜蛋破裂。

五香茶叶蛋

五香茶叶蛋风味独特，可作为餐点，也可作为零食食用。

卤　蛋

卤蛋是将鲜蛋经预煮后剥壳，再在卤料中卤制而成的方便蛋制品。

根据风味可分为五香卤蛋、桂花卤蛋、肉汁卤蛋和熏卤蛋等。不同风味的卤蛋所用的卤料不同：五香卤蛋卤料为酱油、白糖、食盐、甘草、茴香、桂皮、丁香等；桂花卤蛋卤料为五香卤蛋卤料添加桂花；肉汁卤蛋为五香卤蛋卤料添加猪肉、鸡肉等；熏卤蛋为将五香卤蛋、桂花卤蛋、肉汁卤蛋等熏烤制成。

加工工艺流程为：蛋的洗涤及挑选→预煮→去壳→加入熬制汤料进行卤制→腌制→干燥→真空包装→微波杀菌。

卤蛋蛋黄中的脂肪酸主要为油酸（56.45%）和棕榈酸（26.55%）。由于长时间高温煮制并通过高温杀菌，部分脂肪高温水解，产生游离脂肪酸，其中多不饱和脂肪酸很不稳定，易分解成短链的醛、酮等小分子，从而使多不饱和脂肪酸含量下降。经过卤煮之后的卤蛋氨基酸总量和呈味氨基酸含量增加。

醉　蛋

醉蛋是以新鲜鸡蛋或鸭蛋为原料，用主要由水、白酒和盐配制成的醉卤浸泡制成的再制蛋。

根据煮蛋的程度，可将醉蛋分为生醉蛋、熟醉蛋和溏心醉蛋。加工工艺流程为：原料蛋挑选→清洗消毒→清洗晾干→预煮（或不预煮）→蛋壳处理→醉卤→真空包装→杀菌→冷却→质检→包装→成品。生醉蛋无须预煮，蛋壳处理为轻轻击破蛋壳，但不击破壳内膜，然后将蛋平放在容器中，缓慢注入醉卤至没过蛋，密封贮存约60天即可。熟醉蛋需加热煮熟，捞出击破蛋壳，也可将蛋壳剥去，然后将蛋浸入醉卤中，密封贮存约3天后即可。溏心醉蛋需加热煮沸3～4分钟后冷却，将蛋壳轻微击破后浸入醉卤，密封贮存约57天即可。醉卤主要由水、白酒和盐配制而成，添加酱油、香料等其他辅料可为醉蛋增添不同的风味。

醉蛋的蛋白呈灰白色，蛋黄呈橘黄色。具有特别的醇香味，芳香浓郁，味道鲜美，略带酒味。是中国传统的特色蛋制品之一，因其风味独特和营养丰富深受人们喜爱。

皮 蛋

皮蛋是以鲜蛋为原料，辅以纯碱、生石灰、食盐、茶叶、黄丹粉（氧化铅）、草木灰、松枝等腌制成的蛋制品。

加工方法有浸泡包泥法和包泥法。①浸泡包泥法。先将鸭蛋（鸡蛋）浸泡腌制，再包裹上含有汤料的泥巴，将其装如密封容器、保存。这是中国北方常用的制作方法，很适合于加工出口皮蛋。②包泥法即直接用料泥包裹鲜蛋，再经滚稻壳后装缸、密封，待成熟后储存的方法。用此方法，蛋的收缩凝固缓慢，成熟期长，适于长期储存。加工硬心皮蛋采用此法。

皮蛋加工历史悠久，是中国独创的传统蛋制品。每100克皮蛋中，氨基酸总量高达32毫克，为鲜鸭蛋的11倍，氨基酸种类多达20种。因此，皮蛋比鲜蛋的营养价值更高。腌制过程中，蛋白质及脂质在强碱作用下分解，胆固醇含量降低，更易消化吸收。便于储藏保管，可调节市场供应，促进供销平衡。但因其仍属高胆固醇食品，有心血管疾病的人仍应控制食用。

皮蛋色泽美观、光泽透亮、营养丰富、风味独特，且《医林纂要》等医学巨著皆记载其具有去火、醒酒、治泻痢的功效。皮蛋蛋白呈晶莹通透的褐色的为上品，如出现雪花状的白纹，更是皮蛋中的极品，称松花皮蛋，松花纹越多，品质越好。

蛋 松

蛋松是鲜蛋液油炸后去除油分后炒制成的干燥蓬松的蛋制品。

工艺流程为：鲜蛋→打蛋→加调味料→搅拌→过滤→油炸→出锅→沥油→撕或搓→加配料→炒制→成品。鲜蛋去壳后充分搅拌成蛋液，静置 10～15 分钟待气泡消除。过滤蛋液，加入精盐和黄酒搅拌均匀。把油倒入锅中，油温 45℃ 时，将调匀的蛋液通过滤蛋器或筛子流入油锅中油煎，即成蛋丝。将煎成的蛋丝捞出油锅，沥油后搓松，加入糖和味精等调料调拌匀后微火炒 3～4 分钟，即得到细松质软的蛋松。

蛋松呈淡金黄色，丝松质软，味鲜香嫩。因油炸过程中水分蒸发浓缩，营养价值远高于鲜蛋。水分含量少，微生物不易繁殖，耐贮藏。

冰 蛋

冰蛋是禽类鲜蛋去壳后所得到的蛋液经低温冷冻制成的蛋制品。可分为冰全蛋、冰蛋黄和冰蛋白 3 种。

冰蛋加工工艺流程为：蛋液制备→搅拌过滤→（巴氏消毒）→预冷→装听→速冻→冷藏。工艺要点如下。①蛋液制备。选用新鲜鸡蛋，用漂白粉溶液浸泡 5 分钟，以减少蛋壳上微生物的污染，然后用 5 克/升硫代硫酸钠的温水浸洗除氯。晾干后打蛋。②搅拌过滤。目的是使蛋液均匀、纯净。一般工厂采用搅拌过滤器，搅拌后通过 0.1～0.5 厘米的筛网，滤净蛋液内蛋壳碎片、蛋膜、系带等杂质。③巴氏消毒。64～65℃ 下保温 30 分钟。该步骤可略。④预冷。预冷可防止微生物繁殖，不致使产品质量降低，并可缩短速冻时间。预冷在冷却罐内进行，罐内装有蛇形管，管中通以循环流动 -8℃ 左右的冷盐水，使罐内蛋液快速降至 4℃ 左右。⑤装听（或袋）。将冷却后的蛋液分装于马口铁听或塑料袋内。⑥速冻。将装完蛋液后的听（或袋）送至速冻库，听或袋之间要留有一定的间隙以利冷气流通。速冻库温度要保持在 -20℃ 以下，冻结 36 小时后，将听（或袋）倒置，使其内冻结充实，防止膨胀，并可缩短冷冻时间。一般 20 ～ 72 小时即可完全冻结。听（或袋）内中心温度达到 -18 ～ -15℃ 后，取出包装。⑦冷藏。包装后送至冷库储藏，冷库温度应保持在 -18℃ 以下。

冰蛋保留了鲜蛋的成分，可解冻后烹调食用，也可用作糕点、冰激凌等原料。

液态蛋

液态蛋是禽蛋蛋液经杀菌等处理并包装冷藏（冷冻），代替鲜蛋消费的蛋制品。简称液蛋。包括全蛋液和蛋清液。

全蛋液的生产工艺流程为：选蛋→整理→洗蛋→照蛋→打蛋→混合过滤→杀菌→包装。挑选新鲜、外壳完好无损的禽蛋，洗净并经过照蛋检查后，进入打蛋程序。打蛋温度保持在 15 ～ 20℃，在无菌环境中将禽蛋去壳。蛋液混匀后应马上过滤以减少污染。如 2 小时内不进行杀菌处理，蛋液过滤后需立即冷却到 4℃ 以下贮藏。采用超高静压杀菌技术，300 兆帕压力下杀菌 5 分钟。分装并密封包装。

蛋清液的生产工艺流程与全蛋液大致相同，仅在打蛋后分离出蛋清液进入下一道工序，即选蛋→整理→照蛋→洗蛋→打蛋→蛋清液→过滤→杀菌→包装。

1990 年起，欧盟国家、美国、日本都禁止带壳新鲜蛋进入食品市场，必须用杀菌过的蛋制品，这促进了液态蛋产业的发展。除液态蛋外，国外还有用不同配料调制的液态蛋产品，专供烹饪和焙烤使用，使液态蛋成为食品行业中的一类产品。

液态蛋几乎保留了鲜蛋的全部营养价值，蛋液利用率较高。同时液态蛋运输贮藏方便，不易污染，符合食品安全性的要求。

再制蛋

再制蛋是以禽类鲜蛋为原料，添加或不添加辅料，经过盐、碱、糟、卤等不同工艺加工而成的蛋制品。

主要包括皮蛋、咸蛋、糟蛋、卤蛋等。工艺流程为：原料蛋→检验→原料蛋处理→再制→检验→包装→成品。再制蛋是中国的传统特产，风味独特，食用方便，营养丰富，深受消费者欢迎。再制蛋生产过程中可能出现一些质量安全问题，如传统工艺简陋生产条件下的一些微生物菌落数超标、添加了再制蛋中禁止添加的防腐剂山梨酸和苯甲酸、皮蛋中铅含量超标等。随着市场监管的加强、企业卫生的规范，再制蛋产品的质量安全问题越来越少。

蛋黄酱

蛋黄酱是以食用植物油、蛋黄、食醋为主要原料，添加食盐、糖及香辛料等辅料制成的半固体状调味品。又称美乃滋。

蛋黄酱由鸡蛋、植物油、食醋等原料调制而成，包含人体必需的亚油酸、磷脂、卵磷脂、神经磷脂、维生素 B、维生素 A、蛋白质、脂肪等营养元素。其中蛋白质含量较高，磷脂、卵磷脂和神经磷脂等磷脂类物质是人体大脑和神经系统发育所必需的物质。故蛋黄酱是一种营养价值较高的调味品。

蛋黄酱食用方便，是制作西餐料理或面包等食品的主要用料之一，可用于涂抹面包、糕点等食品，也可用作调味料，还可以烘烤后食用。以蛋黄酱为基本原料，可调制出炸鱼、牛排及虾、蛋、牡蛎等凉菜的调味汁。添加番茄汁、青椒、腌黄瓜、洋葱等，可调制出用于新鲜蔬菜色拉或通心粉色拉的调味汁。

蛋黄酱

蛋黄酱加工工艺流程为：鸡蛋→清洗消毒→破壳取蛋黄→蛋黄杀菌→搅拌→添加香辛料→搅拌→加食醋→搅拌→加食用植物油→加调味品→加食用植物油→搅拌→加调味品→加入剩余食用植物油→搅拌→包装→冷藏。

蛋　糕

蛋糕是以面粉和高比例的蛋、糖为基本原料制成的含水量较高、质地柔软的糕点。

根据其使用的原料、调混方法和面糊性质分为三大类。①面糊类。

配方中油脂用量高达面粉的 60% 以上，用以润滑面糊，使产生柔软的组织，并帮助面糊在搅混过程中融合大量空气产生蓬松作用。一般奶油蛋糕、布丁蛋糕属于此类。②乳沫类。配方特点是不含任何固体油脂，利用蛋液中蛋白质的发泡作用，在面糊搅打和焙烤过程中使蛋糕蓬松。③戚风类。将蛋白和蛋黄分开，先用蛋白与部分糖搅打成泡沫体，蛋黄与其他原料搅匀后，搅入泡沫体烘烤而成。特点是口感特别松软，适合做裱花蛋糕的底坯。

所用原料包括面粉、甜味剂（通常为蔗糖）、黏合剂（一般为鸡蛋，素食主义者可用面筋和淀粉代替）、起酥油（一般为牛油或人造牛油，低脂肪含量的蛋糕会以浓缩果汁代替）、液体（牛奶，水或果汁）、香精和发酵剂（如酵母或者发酵粉）等。

蛋糕制作的关键工序是面糊搅打和焙烤。①面糊搅打。产品种类不同，其投料次序、搅打速度和时间都不同。总的要求是各个配料成分分散均匀，力求向面糊中搅入较多量的空气，并尽量限制面筋的溶胀，以保证产品组织疏松、质地柔软。②焙烤。需在焙烤过程中获得应有的体积和色泽，一般糖、油比重大，温度低，焙烤时间长。

为适应家庭自制随烤随吃蛋糕的需求，国际市场上出现了预混合蛋糕粉一类的商品，使用时只要在这种粉料中加入一定量的水或鲜蛋，稍加混合搅打，入炉经短时焙烤即得成品。

本书编著者名单

编著者 （按姓氏笔画排列）

丁玉庭　　王锡昌　　邓尚贵　　卢立志

申铉日　　冯佩诗　　朱　庆　　刘光明

刘学波　　江连洲　　李　川　　李来好

李春保　　杨文鸽　　陈胜军　　周光宏

孟祥河　　侯卓成　　施文正　　姜泽东

顾赛麒　　梁　佳　　熊善柏　　霍健聪

戴志远